남인도 기행

벨루르 첸나케샤바 사원 벽면에 조각된 악사 간드라바와
요정 압살라의 육감적인 조각상.

남인도 기행

드라비다인과 시바(Siva)의 세상

최영일 지음

눈빛

최영일(崔榮一)
경북 경산에서 태어나 대구상고(32회)와
경북대 법정대 정치학과를 졸업했다.
영남일보 정치·사회부장 겸 편집부국장,
판매·문화사업국장 겸 기획실장을 지냈다.
1999년 언론재단 저술지원금으로 『향토체육반세기』와
2004년 『문화유산 속의 큰 인물들』을 출간했다.

남인도 기행

드라비다인과 시바(Siva)의 세상
최영일 지음
초판 1쇄 발행일 ― 2021년 11월 11일
발행인 ― 이규상
편집인 ― 안미숙
발행처 ― 눈빛출판사
　　　　서울시 마포구 월드컵북로 361 14층 105호
　　　　전화 336-2167 팩스 324-8273
등록번호 ― 제1-839호
등록일 ― 1988년 11월 16일
인쇄 ― 예림인쇄
제책 ― 일진제책
값 18,000원
ISBN 978-89-7409-966-4　03980
copyright ⓒ 2021, 최영일

이 책은 저작권법에 따라 보호를 받는 저작물이므로
무단 전재와 복제를 금합니다.

서문

　노욕(老慾), 그렇겠다! 누가 봐도 여든 살 늙은이가 부리는 객기와 과욕·노추라고 할 것이 분명하다. 이따위 되잖은 글로 책을 엮어내려 했으니 말이다. 그러나 늙은이 딴엔 여러 해 동안 벼르고 별러서 내린 결정이다. "'주책머리 내떠내!'라고 흉을 봐도, '망령이 들었구나?'라는 얘길 들어도, '출판물 공해에 덧보태기 하느냐!'라는 비판을 들어도, 책을 내야겠다."라는 뜻을 굽히지 않는다.

　2000년 초부터다. 건방지게도 '여생의 화두'라며 국내 문화유산 답사를 시작했다. 그러나 10년 아니 5년도 버텨내지 못했다. "못난 송아지 엉덩이에 뿔난다."는 속담처럼 해외여행이란 몹쓸 바람에 취해버린 때문이다. '코로나 19' 역병이 창궐하기 전까지 1백 회를 넘기며 나돌았다.

　짧은 기간의 문화유산 답사에서는 그나마 2004년 7월『문화유산 속의 큰 인물들』(눈빛)이란 한 권의 졸저를 남겼지만 황혼기에 긴 여행서는 남긴 게 없다. 단 'blog.chosun.com'에선 '와암(臥岩)'이란 필명으로 초기부터 폐쇄될 때까지 여행기를 수십 편 남기긴 했어도 지금은 자취를 찾을 수조차 없다.

　일상이 되돌아오면 그래도 찾고픈 곳이 있다. 고대문명의 발상지 이집트·네 번 다녀온 티베트·일곱 번의 인도다. 아프리카와 중남미 지역은 초창기에, 9회의 유럽과 8회의 북아메리카 등지는 그 다음, 그리곤 일흔 초부터 실크로드와 히말라야산맥 언저리를 돌았다. 자연과 더불어 사는 곳들이 종착역이 되었다.

그런데 왜 하필 '남(南)인도' 여행을 택했을까? 답은 간단하다. 히말라야산맥 언저리 즉 티베트·부탄·시킴·네팔·중국령 카슈미르·라다크를 포함한 인도령 카슈미르 지역 등지는 라마불교의 땅이고, '남인도'는 힌두교 천지다. 무한한 미지의 정신적인 세계 힌두교가 지배하는 곳이기에.

이 여행기는 르포(Reportage) 형식의 글이다. 'blog.chosun.com'에선 33회 연재했다. 지루함을 없애려 노력했으나 뜻을 이루지 못해 아쉽다.

이 여행도 동향·동년배 정원덕 사장님(산업기계 판매회사 경영)과 함께했기에 더 많은 얘깃거리가 생겼음은 물론이다. 이분과 동행이 무려 80회를 넘었으니 '여행 도반(道伴)'이라 칭해도 넘침이 없으리라.

눈빛출판사 이규상 사장님과 성윤미 편집자를 비롯한 관계자에게 감사함을 올린다. 53년을 꾸준히 뒷바라지해준 아내 채수향 씨, 폐쇄된 'blog.chosun.com/choiill'의 백업사진 십수만 장 중 이 책에 실을 사진설명에 맞는 사진 선별작업 등으로 며칠 밤샘작업을 한 외아들 홍석[(주)한수엔지니어링 대표이사]과 윤주형 내외, 두 딸 희윤·정윤 등 가족에게 고마움을 표한다.

2021년 가을
와암 최 영 일

차례

1
상하의 땅, 남인도

인도(India, 印度). 그곳으로 향한 걸음은 이번이 네 번째다. 이슬람문화와 불교문화가 한데 어우러진 북·동·서 인도지방 두 번, 라마불교가 자리한 히말라야산맥 언저리의 라다크(Ladakh) 지방에 이어 남인도 지방이다. 나그네의 이 여정도 벌써 오래전의 일이 되었다. 지난 2012년 3월 11일-3월 20일, 9박10일 일정으로 다녀왔으니. 그럼에도 아직 그 여정을 통해 와닿았던 설렘은 여전하다.

'인도소풍(www.indiadream.net)'이라는 자그마한 여행사의 패키지 상품 '알뜰 남인도 시간여행 9박10일'을 선택했다. 여러 여행사의 남인도 패키지 상품 중 가격과 일정이 가장 마음을 사로잡았기 때문이다. 또 인도 델리에 인도소풍 대표의 가족이 경영하는 인도소풍 델리 본점을 둬 그곳 실정을 잘 파악하고 있을 것이란 점도 한몫했음은 물론이다.

여행 코스는 첸나이 → 마말라푸람(Mamallapuram: 일명 마하바리푸람 Mahabalipuram) → 칸치푸람(Canchpuram) → 첸나이 → 마두라이(Madurai) → 테케이디(Thekkady) → 코친(Cochin, 일명 고치Kochi)→ 알레피(Alleppy, 일명 알라푸자 Alappuzha) → 코치 → 방갈로르(Bangalore: 영어 벵갈루루 Bengaluru) → 마이소르(Mysore, 영어 마이수루 Mysuru) → 스라바나 벨라골라(Shravana Belagola, 영어 스라바나 비라골라 Shravanabelagola) → 할레비드(Halebid, 영어 할비두 Halebbdu) → 벨루르(Belur) → 방갈로르 → 홍콩 → 인천공항 도착이다. 여행지에선

알레피 뻼바나드 호수의 수로에서 하우스 보트를 타고 본 수로 주변의 아름다운 풍광.

승용차로 이동했고, 야간열차도 두 번 탔다.

데칸고원, 남인도와 북인도를 가르는 분수령

데칸고원의 이남(以南)이 남인도다. 이 지방은 상하(常夏)의 땅이다. 드라비다족(Dravidian)이 주민의 대부분이다. 그들의 종교는 시바(Shiva) 신을 숭배하는 힌두교(Hinduism)다. 일찍이 코치 등 해안도시를 통해 외국과 해양무역을 해왔기에 가톨릭 등 외래종교도 자리잡았다. 특히 유대인(Jew) 마을이 있을 정도이니까. 무슬림도 섞였으나 더불어 사는 넉넉한 삶의 형태를 보여준다.

일정은 인천공항에서 캐세이퍼시픽 항공편으로 홍콩을 거쳐 남인도 최대도시 첸나이 공항에 내린다. 나그네의 발길이 거친 곳은 인도 행정구역 28개 주(State: 州)와 7개 연합주(Union Territory) 중 남인도의 남쪽 3개 주에 불과하다. 남인도는 안드라 프라데시(Andhra Pradesh)주, 타밀나두

(Tamil Nadu)주, 케랄라(Kerala)주, 카르나타카(Karnataka)주 등 네 개 주를 지칭한다. 이 네 개의 주 가운데 그나마 안드라 프라데시주는 일정에서 제외됐다.

이곳에서 쓰이는 드라비다어계(語系)도 여러 언어로 나뉜다. 안드라 프라데시주 일대의 텔루구어(전체 국민의 8%), 마드라스 부근 타밀나두주의 타밀어(7%), 카르나타카주의 카나다어(4%), 케랄라주의 말라얄람어(4%) 등이 4개 공용어다. 이외에도 곤디어·말토어·쿠루흐어·쿠이어 등 방언이 쓰인다. 이 방언을 쓰는 부족은 미개부족으로 문자도 문학도 없다.

인도 남방의 드라비다족은 장두형(長頭型)의 지중해 인종이다. 신장은 중간 크기이며, 피부색은 검은 편이고, 편평한 얼굴 모양이 많다. 이에 비해 북방의 아리아족은 인도 게르만족의 분파다. 키가 크고, 백색에 가까운 피부에다 눈이 깊숙하고, 코가 높은 용모로 유럽인에 가깝다.

면적 한국의 3.5배, 천 가지 풍경이 펼쳐진 남인도

인도여행을 두고 흔히 이런 말을 많이 쓴다. "인도를 일주일 여행한 사람은 한 권의 책을 쓰고, 7개월을 여행한 사람은 시(詩) 한 편을 짓지만 7년을 산 사람은 아무것도 쓸 수 없다."라는 얘기 말이다. 참으로 재미있고도 아주 묘한 여운을 남기는 표현이다. 이는 한국인 눈에 보이는 것은 모든 것이 이색적이기 때문이리라.

그런데도 나그네는 시 한 편은 고사하고 책 한 권도 쓸 수가 없으니 안타까울 뿐이다. 물론 시인도, 전문작가도, 학자도 아니니깐 탓할 일은 아니리라.

남인도는 북인도 지방과는 너무도 판이한 땅이다. 천 가지 풍경이 펼쳐진 곳이다. 인도반도 아랫 부분이라 3면이 바다다. 서쪽은 아라비아해, 아래쪽은 인도양, 그리고 동쪽은 벵골만이 둘렀다.

아라비아해의 서해안은 남·북으로 뻗은 길이 1천6백여 킬로미터의 서고츠산맥(Western Ghats Mts.: 해발 1,000-1,500m)이, 벵골만의 동해안에는 높이 5백-6백 미터, 길이 1천5백여 킬로미터의 동고츠산맥(Eastern Ghats Mts.)이 자리한다.

나그네의 발걸음이 닿은 3개 주만 해도 합친 인구는 한국의 약 2배인 1억여 명. 면적은 3.5배에 가까운 36만여 제곱킬로미터에 달한다. 이런 엄청난 지역이니 말만 느림의 시간여행일 뿐 이름난 문화유산이 있는 지역 몇 곳만 골라 다닌 주마간산식 다른 패키지 여행과 차이가 날 수 없음은 물론이다. 그러니 어찌 글쓰기가 어렵지 않겠는가.

하늘을 찌를 듯한 힌두사원의 탑문, 고푸람

천 가지 풍경. 그만큼 이색적이고 아름다운 자연과 문화를 가졌다는 뜻일 게다. "이곳이 인도일까?"라고 언뜻언뜻 놀랄 때가 한두 번이 아니다. 바로 이런 것들 때문이다.

1천 개의 기둥을 가진 엄청난 규모의 힌두사원이 있다. 옛 왕궁은 9만 7천여 개의 작은 전구가 불을 밝혀 몽환적인 풍경을 자아낸다. 고요히 흐르는 강물과 휘영청한 코코넛나무숲, 그리고 환상적인 파란 하늘이 어우러져 남국의 베네치아라 불리는 수로의 하우스 보트 '케투발롬'을 타고 즐기는 유람은 인상적이다. 포구에서는 20미터 이상의 긴 나무막대기 5개에 그물을 엮은 아주 큰 뜰채형 중국식 어망도 볼 수 있다. 기타 둘러볼 곳은 다음과 같다.

● 베네치아 상인이며 탐험가인 마르코 폴로의 무덤이 있는 인도 최초의 유럽형 교회 성 프랜시스 성당
● 인도에서 유일한 유대인 마을
● 중국 경극(京劇)과 흡사한 케랄라주의 전통 민속무용인 카타깔리
● 마두라이 간디기념관
● 시바 신이 아닌 비슈누 신을 모신 석조사원
● 18미터에 달하는 나신상을 모신 자이나교 최고의 성지

스리 미낙시 사원 안 1,000주의 만다파에 세워진 돌기둥들.

- 화강암 바위를 통째로 조각한 석굴사원과 해안사원
- 인구 1천만 명이 넘는 인도 4대 경제권역의 중심도시 첸나이
- 5킬로미터에 이르는 긴 마리나비치 해변
- 인도의 실리콘밸리라고 불리는 방갈로르
- 중국 선종의 창시자 달마대사(Bodhidharma: 達磨大師)의 고향

이 외에도 끝없이 이어지는 푸른 들판과 열대나무 숲 등등 헤아릴 수 없는 자연과 문화유적이 가는 곳마다 널려 있다.

선주민 드라비다족

드라비다족(Dravidian)의 남인도는 10세기 말경부터 19세기 중반까지 강성한 이슬람 왕조의 북인도와 적당한 거리를 유지했을 뿐 그들의 지배

는 일부 왕국 외에 거의 받지 않았던 곳이다. 여러 왕조가 할거하면서 드라비다족 고유의 정치체제를 이룩한 땅이다.

　전통적인 무속신앙을 믿고 장례 풍속도 지켜왔다. 데칸고원 남쪽의 삶은 마우리아왕조(Maurya Dynasty, BC 317-BC 180) 이후 불교나 자이나교의 영향을 받기도 했으나 뱀과 같은 부족의 상징물, 즉 토템을 숭배해왔다. 또 카스트제도도 모두 다 받아들이지 않아 북인도와는 생활 양태가 달랐다. 상공업이 발달해 노예제도가 성행했지만 다른 신분과의 통혼이 관습화돼 새로운 계급을 탄생시키기도 했다. 여성의 지위가 북인도보다 향상돼 그녀들은 사회·종교 등 행사에 참가가 자유로웠다. 북인도처럼 수티(남편을 화장할 때 아내도 함께 불로 뛰어드는 오래된 관습) 풍습도 심하지 않았다. 그들은 북인도에 힌두교가 자리잡은 시절엔 불교와 자이나교를, 이슬람교가 세력을 떨칠 땐 힌두교를 지켜왔다.

　원래 데칸(Deccan)이란 말은 '남쪽'이란 뜻이다. 데칸은 아리아인들이

코치 부두에 늘어선 중국식 어망과 잡은 고기를 파는 어물전 주인.

북인도를 차지하면서 선주민인 드라비다족을 깔보는 말로 쓰였다. 그러니 시골, 뒤처진 곳이란 의미를 가졌다. 하지만 선사시대(세계 4대문명 발상지의 하나인 인더스문명: BC 3000-2500)부터 시작된 드라비다족의 문명은 오랜 기간 독자적으로 간직해왔던 것이다. 그 뒤 남인도인은 기원전 12세기에 메소포타미아와 이집트로 가는 바닷길을 열었고, 동남아시아에 인도문화를 전파시켰다.

3면의 바다, 향료·면화무역으로 부 쌓아

남인도 3면에 펼쳐진 바다는 옛적부터 그들의 가장 큰 삶의 터전이었다. 아라비아해를 건너 서아시아와 이집트와 교역해왔다. 서아시아 지역에서는 이들이 옮긴 인더스문명의 돌도장이 발견되기도 했다.

기원전 6세기부터 이들은 금과 은 등의 보석을 찾아 미얀마와 말레이 반도·인도네시아의 여러 섬을 누볐다. 이들 지방에서 수집한 보석과 향나무·상아 등으로 페르시아나 중국 상인들과 무역을 해 부를 쌓았다. 특히 후추를 비롯한 향료무역은 남인도를 거쳐야만 했다. 이는 인도에 향료물자도 풍부했지만 지리적으로 동·서 무역 뱃길의 중심지라는 이점을 최대한 활용했던 것이다.

면직기술과 염색기술도 발달해 '인디고'라는 물감이 동·서양에 널리 알려진다. 따라서 데칸고원에서 대량생산된 면화는 향료와 함께 세계적인 수출품이 된다. 석가모니의 기록에도 "인도의 배들이 동남아시아를 주름잡고 있다."라고 나온다.

AD 2세기경 북인도의 쿠샨왕조도 남인도를 기지로 삼아 후추·진주 등을 로마로 수출했다. 당시 로마는 이 대금을 지불하느라 재정이 흔들렸다는 기록이 남아 있을 정도다. 15세기 중국 명나라 정화(Admiral Cheng Ho, 鄭和: 1371-1433)의 거대한 남해원정대의 함대 또한 남인도인의 항로를 이용했음은 물론이다.

현장법사의 기록

남인도의 드라비다 문화를 꽃피운 대표적인 왕조는 촐라왕조(Chola Dynasty)를 든다. 인도양 무역을 이끈 이 왕조는 BC 3세기부터 AD 13세기 중엽까지 1,600여 년 동안 여러 차례 부침을 거듭하지만 남인도 문화의 중심역할을 해냈다. 촐라왕조의 카리칼라왕은 1세기경 북인도 문화를 받아들이며 학문을 장려한다. 외국과의 문물교류도 넓혔다. 훗날 이 왕조를 다녀간 당나라의 현장법사(玄壯法師, 602-664)는 "이곳에는 아름다운 도시가 널려 있다."라고 『대당서역기(大唐西域記)』에 기록했다.

9세기에 다시 일어선 촐라왕조는 10세기경 남인도 문화의 전성기를 연다. 이후 약 200년간 드라비다족의 문화를 꽃피운다. 특히 드라비다족 고유의 언어인 타밀로 쓰인 타밀문학을 함께 발전시켰다. 이 왕조의 수도 탄조르(Tanjore: 타밀어로는 탄자부르)에는 해자를 두른 신전이 있다. 세계문화유산에 등재된 힌두예술의 걸작으로 꼽힌다. 시바 신을 모신 이 신전을 포함한 남인도 힌두사원의 지붕은 끝부분이 잘린 피라미드 형태다. 반면 북인도 힌두사원의 지붕은 둥근 탑 모양이라 대조를 이룬다.

광활한 영토와 인구, 언어로 구획한 주

인도는 광활한 영토를 가진 나라다. 그 영토는 유럽대륙과 맞먹는 넓이다. 329만여 제곱킬로미터. 한국의 약 32배에 달한다. 다민족 국가로 인구는 약 12억여만 명. 인도 아리아족 72퍼센트, 드라비다족 25퍼센트. 몽골족 및 기타 3퍼센트이다. 전체 인구의 40여 퍼센트가 사용하는 힌두어와 14개 공용어, 그리고 영어는 상용어다. 종교는 힌두교 80.5, 이슬람교 13.4, 그리스도교 2.3, 불교 0.7, 자이나교 0.5 퍼센트 등이다.

인도 행정구역상 주(州)는 각 지방에서 통용되는 언어에 따라 나눠진 언어주(Language State, 言語州)다. 1951년 인도 정부가 조사한 자료에 따르면 모두 7백여 종의 언어가 사용되었다는 것이다. 지금은 인구 90퍼센트 이상이 아리안계의 9개 공용어와 드라비다계의 4개 공용어를 쓴다.

북인도와 남인도 지방 분수령은 데칸고원

인도는 중앙부 데칸고원이 분수령이 돼 북부와 남부로 갈라진다. 데칸고원은 이 나라 전체 면적의 절반에 가까운 160만 제곱킬로미터에 달한다. 서쪽은 높고 동쪽은 낮다. 이 데칸고원 중앙부를 서쪽에서 동쪽으로 흘러 벵골만으로 유입되는 고다바리강의 이남을 가리켜 남인도라고 부른다.

이곳은 드라비다어를 쓰는 드라비다족이 주로 거주하는 땅이다. 드라비다족의 문화는 기원전 3000-1500년에 번성했던 인더스문명에도 나타난다. 이들은 아라비아반도에서 철기문화로 힘을 길러온 이슬람의 아리아족이 10세기 말경 인도 북방의 비옥한 펀자브(Punjab) 지방을 침범해 델리 부근에 구르왕조를 세우기 전엔 인도 전역에 고루 분포해 살았다. 청동기문화를 가진 이들의 대부분은 아리아족의 철기문화 세력에 밀려 데칸고원 남쪽으로 쫓겨 내려온 것이다. 이들은 기원전 10세기경 발달한 청

데칸고원 인근에서 생산된 면화를 우차로 실어 나르고 있다.

동기문화에 이어 기원전 3세기경 철기문화를 받아들이면서 농업을 더 발전시켜 곳곳에 도시를 건설한다.

마우리아왕조의 탄생

이슬람 세력이 침입하기 전인 기원전 6-5세기 때 인도 전역은 드라비다족의 부족국가가 왕권국가로 탈바꿈하기 시작한다. 브라만 중심의 종교와 사상에서 벗어나 불교와 자이나교 같은 새로운 종교집단이 탄생한다. 기원전 5세기경 마가다(Maghada)·코살라(Kosala) 등의 왕국은 통일국가를 향해 여러 부족국가를 통합하며 팽창을 서두른다.

그러던 중 기원전 327년 알렉산더 대왕의 침입으로 인더스 유역의 많은 부족국가들은 멸망한다. 알렉산더 대왕 사후 인도 최초의 통일국가를 세운 마우리아왕조(BC 317-180)가 남인도를 제외한 인도 전역을 지배하기에 이른다. 이때 남인도는 여러 소왕국들이 할거했다.

마우리아왕조 3대 아소카(Asoka, BC 269-232) 대왕은 인도 전통종교 세력인 브라만교(Brahmanism) 세력을 약화시키고, 불교를 통치이념으로 삼았다. 또 그는 불교를 스리랑카 등 동남아에 전파시킨다. 당시 융성했던 이 종교가 바로 소승불교(小乘佛敎)의 기원이 된다.

힌두교를 성립한 쿠샨왕조

마우리아왕조가 망한 후 인도는 BC 2세기-AD 3세기엔 여러 왕조가 난립하여 혼란기를 맞는다. 이 혼란기 중 AD 100년 전후 중앙아시아에서 쳐들어온 쿠샨족이 북인도 땅 대부분을 차지하면서 쿠샨왕조(기원전후-5세기 중엽)를 연다.

AD 2세기 중엽 이 왕조의 최전성기를 연 카니슈카(Kaniska)왕은 독실한 불교신자라 사원과 탑을 세우면서 불교 전파에 힘을 쏟았다. 이 무렵 불교는 고행하는 자만 도를 깨우칠 게 아니라 더 많은 사람을 구제해야 한다는 새로운 모습으로 바뀐다. 바로 큰 수레에 중생을 싣고 극락으로 간다는 대승불교(大乘佛教)로 말이다.

또 카스트제도에 따른 4개 계급의 종교적 의무와 규범을 정한 「마누 법전(Code of Manu)」이 브라만에 의해 만들어진다. 그러나 브라만교의 성전인 「베다(Veda)」에 없던 시바 신과 비슈누(Vishnu) 신이 등장한다. 또 대중적 종교문헌인 서사시 「마하바라타(Mahabharata)」와 「라마야나 (Ramayana)」가 전승되면서 민간신앙과 결합해 힌두교를 더욱 굳건히 다 진다.

더욱이 이 왕조에선 동서문화의 융합이 이루어진다. 즉 그리스·로마계 통의 미술과 인도 불교미술이 혼합된 간다라 미술(Gandhara Art)이 모습 을 드러내면서 꽃을 피운다.

인도의 남·북을 지배한 굽타와 팔라바왕조

기원후 3세기 중엽 쿠샨왕조가 힘을 잃자 굽타왕조(Gupta Dynasty, AD 320-550)가 탄생해 북인도를 통일한다. 이 왕조에선 힌두의 르네상스라 고 할 정도로 비슈누 신을 숭배하는 힌두교와 힌두문화가 번성한다. 번성 한 힌두문화는 수마트라·자바·보르네오 등지로 전파된다. 특히 아잔타 석굴(Ajanta Caves)과 같은 걸작도 만들어진다.

굽타왕조는 5세기경 훈족의 침입으로 쇠망의 길로 접어들어 6세기 중 엽엔 소왕국으로 전락한다. 7-8세기엔 북인도에는 마우카리왕조·팔라왕 조 등 여러 왕조가 난립한다.

남인도에는 3세기 후반 시바 신을 숭배한 팔라바왕조(3세기 후반-9세 기 말)가 패권을 차지한다. 이 왕조 나라신하발만(재위 625-645)의 치세 에 이르러 최성기를 맞이하여 데칸고원까지 영역을 넓힌다. 그는 팔라바 예술을 대표하는 특색 있는 일곱 개의 탑을 세웠다. 이 왕조는 타밀 지방 을 중심으로 해 독자적인 힌두문화를 활짝 피워낸다. 또 지리적인 여건을 이용해 힌두교를 동남아시아로 전파하는 데 공헌한다. 9세기 말 촐라왕조 에게 패망하기에 이른다.

무굴제국의 5대 황제 샤자한이 건축한 타지마할. 북인도 이슬람의 대표적인 건축물이다.

팔라바왕조 이전인 기원전 3세기부터 남인도에는 촐라·체라·판디아왕조가 정립해 발전해왔다는 사실이 마우리아왕조 3대 아소카 대왕의 비문에 드러난다. 아소카 대왕 초기의 이 비문은 마이소르의 치달드루그 지역에서 발견됐다. 이 세 왕조는 마우리아왕조와 우호관계를 지켜왔음을 비문의 내용이 뒷받침한다.

촐라왕조는 11세기 중엽엔 북벌정책을 펴 갠지스강 유역까지 영토를 확장하기도 했다. 해로로는 말레이반도에 원정대를 보내 여러 소국을 복속시켰다. 또 바다 건너 스리랑카의 싱할라왕조를 침공해 섬 남쪽으로 밀어내기도 했다. 면직물을 수출해 부를 쌓았다. 이 왕조는 남인도의 전통을 이어받아 민주적인 정치와 조세제도를 마련했다. 인공저수지와 관개댐 등 토목공사를 일으켜 농업도 크게 일으켰다.

체라왕조(BC 3세기-AD 9세기)는 인도 남단 서해안의 코친·말라바르·트라반코르 지방을 중심으로 한 나라다. 1세기 이후 보석류의 수출로 이름이 나 그리스 사료에 기록됐다. 이때 벌써 무질리스 등 항구도시가 개항되어 있었다. 5세기 이후에는 판디아왕조와 촐라왕조에 예속되었다. 12세기에 한때 세력을 복구했으나 14세기 초 이슬람 세력에게 망한다. 이 왕조의 옛 이름이 바로 케랄라(Kerala)다.

판디아왕조는 기원전 3세기부터 마두라이(Madurai)를 중심으로 발전한 나라다. AD 1-3세기에 후추와 상아 등 해외무역으로 번영을 누려 뒷날 나라 안 곳곳에서 많은 로마 화폐가 발견되었다. 11세기 촐라왕조에 병합되었으나 12세기 말 부흥해 13세기엔 남인도의 최강국이 된다.『동방견문록』의 저자 베네치아 상인 마르코 폴로(Marco Polo, 1254-1324)는 이 왕국의 캬야르항(港)을 두 번이나 방문했다. 수도 마두라이는 이 왕조를 거쳐 16세기 중반-1743년 나야크왕조 때 거대하고 장려한 힌두사원의 도시로 완성된다.

북인도에는 이슬람 세력인 아리아족의 구르왕조(1187-1215)가 1192년 힌두연합군을 무찔러 무슬림 지배시대를 연다. 이어 이슬람 세력인 노예왕조(1206-1298) → 킬지왕조(1290-1320) → 투크라크왕조(1320-1423) → 세여드왕조(1414-1451) → 로디왕조(1451-1526)가 이어진다. 이들 이슬람 왕조들은 힌두교를 억압하고 힌두신도에게 인두세를 매기기도 했다. 이슬람 세력이 이렇게 강성했지만 남인도에서는 위자야나가라 왕조가 강력한 세력으로 부상해 이들의 팽창을 억제하였다.

1526년 로디왕조는 무굴(1526-1857)제국의 초대 황제 바부르(Muhammad Babur, 1482-1530)에 의해 망한다. 3대 황제 M. 악바르는 힌두교에 대해 관용과 화해정책을 썼다. 인두세도 폐지한다. 그는 데칸고원 남쪽을 제외한 인도대륙 전부와 아프가니스탄에 이르는 대제국을 이룩한다. 4대 황제 자항기르(Jahangir)는 1608년 수라트에 동인도회사 설립을 허락해줘 영국의 인도 진출 길을 열어줬다.

5대 황제 샤자한(1592-1666)은 무굴제국의 영토를 가장 크게 넓힌다. 또 그는 그 유명한 타지마할을 비롯하여 델리성·자마 마스지드·아그라성 등 무굴제국의 대표적인 건축물들을 만들었다. 샤자한의 아들 아우랑제브(1618~1707)는 힌두사원을 파괴하고, 인두세를 부활시키는 등 이슬람 근본주의 정책을 펴면서 무리한 영토확장 전쟁을 치른다. 결국 힌두 세력의 불만에다 국고의 고갈을 가져와 무굴제국을 쇠퇴의 길로 접어들게 되었다. 무굴제국은 1857년 결국 망한다.

따라서 인도는 대영제국의 식민지로 전락한다. 그후 1947년 8월 15일 영국연방으로부터 주권국가로 독립하기에 이른다.

2
세인트 조지 성채와 산토메 성당

남인도의 관문 첸나이 공항

벵골만에 위치한 남인도의 관문 첸나이(Chennai). 인구 1천만 명이 넘는 타밀나두주의 주도(州都)다. 나그네가 2012년 3월 11일, 남인도 지방에 첫발을 디딘 곳이 바로 이곳이다. 인천공항에서 직항편이 없었다. 홍콩에서 환승했다. 전체 비행시간이 엄청 길어짐은 물론이고. 따라서 비행 중 새날을 맞는다.

나그네는 정원덕 사장님과 3월 10일 오전 9시, 동대구역에서 서울역행 KTX를 탄다. 이어 공항철도를 이용한다. 오후 3시 15분 홍콩 캐세이퍼시픽 항공편에 올라 오후 6시 10분 홍콩 공항에 닿았다. 환승하기 위해 4시간 25분을 기다린다. 밤 10시 35분 CX 첸나이 항공편에 올라 12일 새벽 2시 첸나이 국제공항에 도착한다.

입국수속 후 짐을 찾아 가이드 이아리(애칭 아샤, 이하 아샤로 통칭함) 양과 공항에서 합류하면서 일행 세 분과도 첫 인사를 나눈다. 수도권 분들이다. 아샤를 포함해 여성 3인과 남성 3인이 일행의 전부다. 아주 단출한 팀이다. 숙소인 찬드라 파크 호텔엔 거의 새벽 4시 30분이 가까워서야 도착해 여장을 푼다.

나그네의 룸메이트는 변함없이 정원덕 사장님(산업기계판매회사 경영). 정 사장님은 나그네의 오랜 여행 도반(道件)이다. 겨우 3시간 토끼잠

멀리서 본 붉은 벽돌의 첸나이 에그모어역 역사.

끝에 일어난다. 그런데도 눈을 뜨니 아주 상쾌하다. 잠자리가 좋았기 때문이리라. 첫새벽 호텔로 찾아들었으니 어디가 어딘지도 모르는 상황이다. 얼른 카메라만 쥐고 룸을 벗어난다.

호텔 정문 큰 도로 건너편이 바로 첸나이 에그모어(Egmore) 기차역이다. 이른 아침이라선지 이곳은 의외로 조용하다. 기차역사(驛舍)는 붉은 벽돌로 지은 긴 직사각형 2층 건물이다. 창틀과 둥근 사각 돔지붕이 흰색이라 멀리서도 눈에 확 뜨인다. 도로변을 아주 기다랗게 차지했다. 외관은 퍽 멋스러운 유럽풍이다.

"장꾼보다 풍각쟁이가 더 많다더니…", 승객은 거의 보이지 않고 오토릭샤(autoricksaw)와 운전기사들만 붐빈다. 카메라를 켜자 검은 피부의 드라비다인 운전기사들이 당당히 포즈를 취해준다. 그들 중 한 분이 "일본인이냐?"라고 묻는다. "코리언!"이라고 하자 "현다이 산토스, 넘버원!"이라고 치켜세워준다. 아침부터 기분이 너무 좋아진다.

역 주변 상가 거리는 아직 문을 열지 않았다. 출근 중인의 행인과 쓰레기가 길을 메웠다. 호텔 입구에 자리한 빵가게만 오픈해 아침 손님을 맞고 있다.

남인도 최대의 도시, 첸나이

첸나이는 뭄바이와 함께 인도 영화산업의 중심지다. 교육도시이기도 한 이곳은 IT산업 도시로 이름난 방갈로르·하이데라바드 등 남인도 인근 도시와 더불어 경제발전의 중심축을 이룬다. 현대자동차공장이 가동되고 있어 한국과는 인연이 깊은 곳이기도 하다. 이 공장에선 소형인 산토스와 베르나를 생산한다. 주종품목은 산토스다. 쏘나타도 조립한다. 이 차는 여기선 고급 승용차에 속한다. 현지인 2천여 명이 일해 고용창출에도 한몫을 하고 있다.

이곳은 애초 촐라왕조와 위자야나가라왕조의 관할구역인 조그마한 어촌에 불과했다. 1639년 영국이 이 어촌에 동인도회사를 설립하면서 세인트 조지 성채(St. George Fort)를 구축해 교역의 전초기지로 삼은 것이 이 도시의 유래다. 성채를 중심으로 벵골만 사구(砂丘)를 따라 도시가 팽창했다. 성채 북쪽엔 오래된 상업지역인 조지타운이, 남·서쪽엔 신시가지인 부도심 마운틴로드가 형성되었다. 인공으로 조성한 항구는 성채 북쪽에 위치했다. 1만 톤급 이상의 선박이 접안할 수 있는 부두가 무려 18개나 된다. 여름은 고온다습하지만, 겨울철은 쾌적해 연간 산업활동이 가능한 지방이다.

첸나이는 인도 4대 상권도시 중 하나다. 바로 북부경제권 → 델리, 서부경제권 → 뭄바이, 동부경제권 → 캘커타, 남부경제권 → 첸나이다. 첸나이 시내엔 기차역이 두 곳이다. 북부의 센트럴역과 남부의 에그모어역이다. 센트럴역의 노선은 델리·뭄바이·콜카타·방갈로르 방면이다. 에그모어역은 주내(州內)와 케랄라주, 그리고 카르나타카주의 마이소르 방면으론 협궤열차 노선이 놓여 있다.

이곳에는 인도 3대 명문대학인 마드라스대학교(University of Madras)가 위치했다. [인도 3대 명문대학은 콜카타대학교(University of Kolkata)와 뭄바이대학교(University of Mumbai)다.] 영국 런던대학교를 모델로 1857년에 설립한 국립종합대학교다. 1970년엔 연합대학으로 지정돼 타밀나두주 내 149개 단과대학의 시험과 학위수여 등 학사행정을 관장하고 있다. 960년대 중반 인도정부가 힌디어를 공식어로 지정할 움직임을 보이자 이 대학이 중심이 되어 민족의식을 불러일으켜 강력한 반대운동을 펼친다. 결국 타밀어가 공식어로 지정되고, 힌디어가 제2언어로 주저앉으며 대정부반대운동도 멎는다. 그러니 아리안의 북부지방과의 감정의 골은 더 깊어졌다.

첸나이를 중심으로 한 드라비다족은 북인도의 다수 종족과 많은 종교와 문화를 빗대어 '오랑캐'라고 비아냥댄다. 반면 북인도 사람들은 남인도를 '니그로'라고 폄하한다. 이 도시는 '마드라스(Madras)'라는 이름을 가졌으나 1996년 첸나이로 바뀐다.

인구 2천만, 한국보다 면적 큰 타밀라드주

타밀나두(Tamil Nadu)주는 벵골만의 코로만델 해안(Coromandel Coast)에 위치했다. 즉 크리슈나강 하구로부터 첸나이를 지나 인도양의 칼리메레곶(串) 해안의 서쪽 내륙지방으로, 데칸고원의 남동부 사면을 차지한 곳이다. 면적은 13만58제곱킬로미터로 한국보다 조금 크다. 인구는 2009년 기준 1천5백여만 명이었으나 지금은 첸나이의 도시팽창으로 2천만 명을 훨씬 넘었다.

포르투갈 항해사 바스쿠 다 가마(Vasco da Gama, 1469-1524)가 1498년 케랄라주의 캘리컷에 닻을 내리면서 포르투갈·네덜란드·프랑스령이 되었다가 19세기 초까지 영국의 관할이 된다. 1937년 자치주로 1947년 인도의 일부로 편입되고, 1965년 마드라스주로 개편되었다가 1968년 타밀나두주로 이름이 바뀐다.

데칸고원에서 동쪽으로 흐르는 강들이 비옥한 삼각주 평야를 이루어 벼농사가 잘된다. 사탕수수 등 농산물도 생산된다. 남부에는 목화와 후추 생산량도 많다. 망간·마그네슘·크롬 등 지하자원도 풍부하다. 또 수력자원이 풍부해 전력도 많이 생산한다. 공용어는 타밀어다.

호텔 로비 벽엔 익살스런 가네샤 신이…

호텔로 돌아온다. 로비 벽에 걸린 금속조형물이 눈길을 사로잡는다. 바로 힌두교의 가네샤(Ganesha) 신이다. 익살스러운 모습에 더 정이 간다. 이 호텔 현관 위쪽의 반달형 창엔 독특하게도 트럼펫과 색소폰 등 금관악기를 부는 군인 인형을 만들어 세웠다.

가네샤 신은 장애를 제거하는 신으로 숭배된다. 인간의 몸에 코끼리 얼굴을 한 반인반수(半人半獸)의 형상을 가졌다. 이 신은 시바 신과 그의 비(妃) 파르바티(Parvati) 사이에 난 첫아들이다. 시바 신과 관련된 기타 신들 중 가장 유명한 신이다. 가네샤는 새로운 시작의 신이자 장애를 제거하는 신이다. 그래서 힌두교인들은 사업·집짓기·여행 등과 같은 일들을 시작할 땐 우선 가네샤에게 예배를 올린다. 또 지혜와 부의 신으로도 숭배된다. 따라서 힌두교의 모든 종파는 이 신을 숭배하고, 사원이나 사당·가정·기업체의 건물 등에 다른 신과 함께 주요 신으로 모신다.

가네샤는 배불뚝이 몸체에 코끼리의 머리를 하고 있으며, 팔이 네 개인 형상을 보인다. 불룩 나온 배는 마음의 만족을 뜻하며, 코끼리의 큰 머리는 지혜를 담고 있으며, 길고 굵은 코는 진리와 거짓을 구분하는 능력과 상황 적응에 유연하게 대처하는 지성을 의미한다. 네 개의 손 중 세 개는 인간의 집착이 속박을 가져온다는 의미의 밧줄을, 그 속박을 끊는 도끼를, 기쁨인 자유를 의미하는 수련을 각각 쥐고 있다. 나머지 펴 있는 한 손은 축복을 표시한다. 힌두신 중 가장 무거운 신이지만 작은 쥐를 탈것[바하나(vahana): 주로 동물 형태]으로 지니는 재미난 면도 갖고 있다. 바하나인 쥐는 욕망으로 흔들리는 변덕스러운 마음을 의미한다. 유한한 마음

첸나이주립박물관에 전시된 춤
추는 청동 시바 신 동상.

을 가진 쥐와 무한한 영적 지혜를 가진 가네샤, 그들 몸 크기와 마음의 크
기 대비가 바로 힌두사상의 한 단면이다.

반인반수의 신은 가네샤 외에 네팔에서 가장 성스러운 신으로 숭배하
는 원숭이 신 하누만(Hanuman)이 있다. 이들 신은 힌두사상이 신과 인간
과 자연이 동일연속체의 일부라는 점을 강조한 것이다.

마리나비치 로드로

오전 10시부터 일정이 시작된다. 호텔에서 그리 멀지 않은 곳에 위치한
첸나이주립박물관이 일정에서 제외됐다. 가이드 아샤 양에게 "수박 겉핥
기식으로라도 30분만 관람할 수 없겠느냐?"라고 사정조로 물어본다. 그
러자 "죄송합니다만 짜인 일정에 포함되지 않았습니다."라고 정중하게

거절당하고 만다.

나그네가 이 박물관을 꼭 둘러보고픈 이유는 힌두교 3대 신의 하나이며, 특히 남인도에서 가장 숭배되는 시바 신의 다양한 청동상을 소장하고, 또 전시하고 있기 때문이다. 이외에도 석가모니 불상과 다양한 부조 작품이 전시된 곳이다. 고고학관·인류학관·화폐학관·동물학관·식물학관·지질학관 등 6개 동에 주제별 유물이 잘 정돈되어 있는 박물관으로 소문이 나 있다. 인도 4대 박물관의 하나다. 1851년 개관되어 150여 년을 훌쩍 넘는 역사를 갖고 있다. 퍽 아쉽지만 다른 일정 줄이면서 들러보자고 나그네 혼자 우길 수도 없어 포기하고 만다.

일정표대로 움직인다. 센트럴역을 지나 세인트 조지 성채(St. George Fort) 앞 도로를 거친다. 그리곤 마리나비치 로드를 타고 마리나비치를 조망하면서 남쪽으로 달린다. 마리나비치에는 이른 오전이라서인지 바다를 찾은 인파가 드문드문 보일 뿐 한산한 모습이다.

세인트 조지 성채

세인트 조지 성채는 1654년 영국이 최초로 인도에 만든 성채다. 이보다 15년 앞선 1639년 영국은 이곳에 동인도회사를 설립한다. 지금의 이 성채는 1749년에 확장한 것이다.

성채는 작은 도시와 같아 '화이트타운(White Town)'이라고 부른다. 성채 안에 주정부청사가 있다. 또 1679년 세운 영국의 세인트 메리 교회(St. Mary's Church)도 현존한다. 성채 한쪽엔 성채박물관도 있다. 동인도회사 관련자료와 식민지 시대 무기와 동전·훈장 등이 전시되고 있다.

마리나비치는 벵골만을 따라 펼쳐진 해변이다. 길이 12킬로미터로 세계에서 두 번째로 긴 비치다. 세인트 조지 성채에서 남쪽 쿰강 건너 마리나비치 로드를 따라 길게 뻗었다. 백사장 좌우로 안나두라이 기념묘와 수족관·풀장·체파우크 궁전 등이 위치한다. 첸나이 시민들의 휴식처이며 산책로이기도 하다.

세인트 조지 성채 입구.

토마 무덤 위에 세워진 산토메 성당

호텔을 떠나 거의 1시간 만에 산토메 성당에 닿는다. 이 성당은 예수 12 제자 중 한 분인 토마의 무덤 위에 세워진 성당이라고 전한다. 외국 가톨릭 신자들의 성지순례 발길이 잦은 곳이다.

토마는 예수의 12제자 중 한 분이지만 의심이 많아 예수의 부활을 믿지 않았다. 그러다가 예수님의 상처를 만져본 뒤 "나의 주, 나의 하느님!"하며 믿게 되었다고 요한 복음서에 전한다. 2세기에 만들어진 토마행전에는 사도들끼리 전도지(傳道地)를 정할 때 제비를 뽑았다고 한다. 그는 제비 뽑기에서 인도로 가게 되었다. 먼 인도에서 전도하다가 그곳에서 죽었다고 적혀 있다.

산토메 성당은 16세기 초 포르투갈 탐험가들이 건축했다. 그 후 1893년 영국이 신고딕 양식의 아름답고 멋스러운 건축물을 세웠다.

1956년 3월 16일 교황 비오 12세(Pius X ll)에 의해 준대성전(Minor Basilica)급으로 승격한다. 그리고 2006년 2월 11일 가톨릭 성지가 된다. 성당 뾰족탑은 3층 규모이며, 높이가 50미터에 달한다. 뾰족탑 끝부분엔 시계가 달렸다. 박물관도 함께 있다. 토마의 무덤으로 알려진 곳이 보존되어 있다.

3
마말라푸람 세계문화유산 기념물군

산토메 성당(Santhome Cathedral)은 '성 토마스 성당(St. Thomas Cathedral)'이라고도 불린다. 신고딕 양식인 이 성당 건물은 새하얀 외관이 너무 매력적이다. 이 성당은 힌두교와 기독교문화가 이색적으로 융합된 곳이기도 하다.

힌두사원을 찾을 때 모든 사람이 다 맨발로 참배하듯 이 성당 역시 다른 나라의 성당과는 달리 신발을 벗고 들어가야 한다. 기도를 할 땐 꼭 성모 마리아상이나 예수님상을 만지며 기도한다. 이 또한 힌두신을 만지며 기도하는 힌두교의 영향을 받은 독특한 기도 방식이다. 성상을 쳐다보면서 고개 숙여 기도 드리는 외국인 신자들이 볼 때 의아하게 느껴진다.

성모 마리아상에 인도의 고유 민속의상인 사리(Sari)를 입혀 놓았다. 물론 한국의 성당에도 한복을 입힌 마리아상을 볼 수 있긴 하지만. 멕시코 과다루페 성당의 성모 마리아상 피부도 그곳 사람들의 피부색과 동일하게 검다. 목엔 꽃목걸이를 했다. 이는 인도인들이 힌두사원을 참배하러 갈 때 반드시 꽃목걸이를 사 신에게 봉헌하는 의식이 성당까지 전이된 것이리라.

이 성당의 위치는 벵골만 해안이다. 2004년 12월 쓰나미가 서남아시아 해안을 휩쓸었지만 성당은 용케도 피해를 입지 않았다. 따라서 성당 뒤 해안 쪽엔 "하느님께 감사드린다."는 표지판과 성 토마스 폴(ST. THOMAS

산토메 성당 전경.

POLE)을 기념물로 세워뒀다.

성당 외관은 서구나 동양의 다른 성당과 비교해 독특한 모형이지만 성당 내부는 거의 같은 구조다. 지하 소성당 제대 위에는 성인 토마스의 모형 시신이 붉은 천에 씌워져 유리관에 안치되었다. 유리관 위에는 "MY LORD AND MY GOD"라고 쓴 흰 천이 덮였다. 성당 뒤편엔 자그마한 박물관도 있다.

팔라바왕조의 무역·군사항구 마말라푸람으로

일행은 다시 해안도로를 따라 마말라푸람(Mamallapuram)으로 이동한다. 첸나이 변두리 지역은 해안도로 따라 10여 분가량 이어진다. 그리곤 열대림이 들어선 평원이 도로 양쪽으로 펼쳐진다. 1시간 10여 분을 달린다. 조그마한 바닷가 어촌이 눈에 들어온다. 마말라푸람이다. '마하바리푸

산토메 성당 안 높은 금색 원통기둥 꼭대기에 십자가가 선명하다.

지하 소성당 안에 안치된 성 토마스의 모형 시신.

람(Mahabalipuram)'이라고도 부른다. 첸나이에서 남쪽으로 56킬로미터
떨어졌다.

　3세기 후반에서 9세기 말까지 타밀나두주 일대를 다스린 팔라바왕조의
두 번째 왕도다. 지금은 조그마한 어촌으로 변했지만 팔라바왕조의 대표
적인 힌두 유적지다.

　당시엔 항구도시로 아주 번창해 먼 나라까지 교역한 중심지였다. 무역
선이 줄을 이었다. 동남아시아의 캄부자(Kambuja: 앙코르)왕국 말레이시
아·수마트라·자바 등지를 지배했던 스리비자야(Shrivijaya: Srivijaya)제국,
참파(Champa: 안남)제국 등의 선박이다. 그뿐만 아니다. 군사항구 역할
도 겸했다. 큰 목조 군함이 연안을 메웠다고 전해진다.

　무역으로 국가의 부가 축적되자 630년-728년, 즉 1백여 년 사이 마말
라푸람의 기념물군이 만들어진다. 힌두교 시바 신전인 이 기념군(群)은
1984년 유네스코 세계문화유산에 등재된다. 일행은 오후 1시를 조금 지
나 마말라푸람의 중심가에 닿는다.

해변으로 가는 도로변은 많은 수의 레스토랑과 호텔·상가가 밀집된 지역이다. 2층의 한 레스토랑에서 점심을 먹는다. 음식 맛이 일품인 먹거리 골목으로 이름난 곳이다. 해산물이 주요메뉴다. 정 사장님과 둘은 바닷가재와 민물 게 요리를 주문한다. 물론 반주로 와인이 뒤따른다. 나그네에겐 음식 맛이 그 명성을 받쳐주지 못하는 것같이 느껴져 아쉬웠다. 일행은 바로 해변 남쪽에 위치한 다섯수레(Five Rathas)사원으로 향한다.

세계문화유산 기념물군

팔라바왕조가 7-8세기 벵골만 코로만델 연안에 자연적으로 솟은 화강암지대의 바위를 깎아 만든 힌두사원들을 말한다.

이 기념물군은 대략 다섯 범주로 나누어진다. ① 다섯수레사원 ② 부조가 조각되어 있는 여러 개의 만다파(Mandapam: 예배 공간 즉 홀을 가진

팔라바 왕조시대 무역항이며 군사항이었던 마말라푸람의 해안.

석굴의 총칭) ③ 갠지스강의 하강(Descent of the Ganges) 일명 '아르주나의 고행(Arjunas penance)'이라는 거대한 야외 암석부조 ④ 해안사원(Share Temple) ⑤ 화강암 덩이를 다듬어 만든 다양한 형태의 건축물인 6개의 라타(Ratha) 사원이다. 이들 라타 사원의 건축 형태는 사각형 → 3곳, 직사각형 → 2곳, 반원형 → 1곳 등 3가지 유형이다.

다섯수레사원

'판차 판다바 라타(Pancha Pandava Rathas)'라고도 부른다. 인도에서 라타(Ratha)는 소와 말이 끄는 사륜수레이지만 종교적으론 신이 타는 수레(神輿車)를 지칭한다. 라타 사원의 원형은 네 개의 수레바퀴가 달린 사원이다. 특별한 행사 땐 두 마리의 코끼리가 끌고 다닌다. 함피(Hampi)의 비탈라 사원에 가면 수레바퀴가 달린 라타 사원의 원형을 볼 수 있다.

작은 사당을 닮은 형태의 다섯 개 건축물은 모두 화강암 바윗덩이를 쪼아 만든 것이다. 이곳 다섯수레사원의 라타는 모두 수레바퀴가 없는 게 특징이다. 사원 경내 입구 쪽부터 드라우파디 라타(Draupadi Ratha)·아르주나 라타(Arjuna Ratha)·바르마 라타(Bhima Ratha)·다하르마라자 라타(Dharmaraja Ratha)가 일직선으로 서 있다. 단 나쿨라 샤하데바 라타(Nakula Shadeva Ratha)는 첫 번째 드라우파디 라타 앞쪽에 따로 떨어졌다. 이 다섯수레사원의 명칭은 인도 고전의 하나인 대서사시 「마하바라타」의 주인공 판다바 5왕자 이름에서 따온 것이다.

첫 번째 드라우파디 라타: 이 사원의 명칭은 5왕자의 공동아내인 드라우파디에서 따온 것이다. 정방형에 사각형 둥근 모양의 지붕을 가진 사원이다. 이 사원엔 시바의 비(妃) 두르가(Durga)상이 안팎으로 조각돼 있다. 사원 내부는 삭발 준비 중인 여인상 옆에 여신 두르가가 서 있는 조각이 새겨졌다. 또 사원 바깥쪽엔 출입구 양쪽과 나머지 3면엔 반나신의 두르가 부조가 있다. 이 사원 앞쪽엔 두르가가 타고 다니는 실물 크기의 사자상이 버틴다. 5왕자 공동아내의 사원이라 전체적으로 여성적인 표현을

매혹적인 첫 번째 사원 안 두르가의 조각상.

담아 조각한 듯 부드럽고 우아한 모습을 갖추었다. 특히 지붕은 고대 주택
의 지붕 형태를 닮아 고혹적인 자태를 보여준다.

두 번째 아르주나 라타: 높은 사각 기단 위에 3층 탑 모양의 사원이다.
지붕은 팔각형이고 1층 벽면엔 시바상 부조가 둘러가면서 장식됐다. 사원
벽면 중앙엔 시바가 다리를 꼬고 난디에 기댄 모습의 조각이 새겨졌다. 탑
뒤쪽에는 시바 신이 타고 다니는 실물 크기의 황소 난디가 버티고 앉았다.

세 번째 바르마 라타: 보석함 모양의 대형사원이다. 박공지붕을 한 큰 전각(7.6×14.5m)과 흡사하다. 비슈누 신전이지만 네 개의 기둥부터 사원 안팎에 모두 사람 형상에 사자 머리를 한 조각상이 새겨졌다. 기둥 안의 복도는 미완성인 채 남아 있어 사원은 위쪽에서 아래쪽으로 조각했음을 보여준다.

네 번째 다하르마라자 라타: 직사각형 4층 사원으로 돔형 시크라 지붕이 이색적이다. 시바를 위한 사원이다. 모양이 두 번째 아르주나 라타와 비슷하지만 규모가 더 크다. 사원 북쪽 왼편 벽엔 시바와 비슈누의 결합 형태인 하리-하라(Hari-Hara: 시바가 도끼를 든 모습)의 조각상이 새겨졌다. 또 사원 동쪽 오른편엔 시바와 그의 비 파르바티의 결합 형태인 아르다나르-이스와라(Ardhanar -Ishvara: 시바의 양면성을 보여주는 모습)의 부조가 있다. 이 부조 모양은 시바가 오른손에 도끼를 들었고, 왼쪽 가슴은 특이하게 여성 유방을 조각했다.

보석함을 닮은 세 번째 사원 전경.

서쪽 오른편엔 이 다섯수레사원을 건립한 팔라바왕조 나라시마바르만 1세(Narasimhavarman I, 재위 630-668)의 부조상이 눈길을 사로잡는다. 이 사원 옆엔 석공들이 바윗덩이에다 정으로 일직선의 작은 구멍을 뚫어 쪼개려다가 그대로 남겨두기도 했다. 또 라타 뒤쪽엔 계단공사를 벌이다가 그냥 둔 곳도 보인다.

다섯 번째 나쿨라 샤하데바 라타: 사각형 3층 사원이다. 앞면은 3층이며, 뒷면은 둥근 3층으로 비대칭 형태를 이룬다. 불교에서의 차이티야(Chaitya: 塔院)와 흡사한 모양이다. 그 옆엔 힌두교의 상징인 실물 크기의 큰 코끼리상이 서 있다. 코끼리를 탈것으로 한 신은 전쟁의 신 인드라다. 외롭게 홀로 서 있다.

이 사원들은 팔라바왕조의 가장 전성기인 나라시마바르만 1세 시절의 유적이다. 촐라왕조의 문서에는 이 도시의 이름이 '마말라푸람(Mamallapuram)'이라고 적혔다. 화강암을 부드럽고 유연하게 다듬은 이 다섯수레사원은 외관은 물론 건축 형태가 모두 다르다. 특히 당시 목조건물 형태를 그대로 전해 미술사적으로 높이 평가받고 있다.

견문이 일천한 나그네는 라타형 사원을 인도가 아닌 스리랑카에서 먼저 보았다. 스리랑카 담불라에서 다섯석굴사원(세계문화유산)을 둘러보고, 캔디로 가는 중 나란다(Nalanda)에서 게디게 라타 사원(Gedige Vihara)을 만났다. 이 사원은 9-10세기에 축조된 것이다. 바윗덩이 하나를 깎아 만든 것이 아니라 사암으로 만든 수천 개의 벽돌로 쌓아 만들었다. 그러니 마말라푸람의 다섯수레사원에 비해 2세기 뒤에 만든 것인데도 스리랑카인 석공 솜씨가 남인도 드라비다족 장인에게 크게 미치지 못했다는 걸 느끼게 해줬다.

한국 탑의 정수라 일컫는 경주 불국사의 다보탑과 석가탑, 그리고 신라 장인들의 빼어난 솜씨가 일구어낸 토함산 석굴암도 통일신라시대인 750년대에 만들어졌다. 이 다섯수레사원보다 1세기 뒤의 작품들이다. 남인도 드라비다족 장인들이 화강암을 마치 나무 다듬질하듯 한 이 걸출한 솜씨는 통일신라시대 불교문화를 압도하고도 남음이 크다고 느껴짐은 석조예술에 대한 나그네의 무지함만의 소치일까?

이곳은 사원이지만 공양을 올리는 푸자(puja) 등 제례의식을 전혀 치르지 않는다. 푸자를 주제할 힌두사제도 없는 사원이다. 참배객들 또한 여러 신에게 꽃·음식·물·과일·등불 등 봉헌물을 올리지도 않음은 물론이고, 이곳을 참배하는 인도인은 각 사원의 안팎을 돌아보면서 부조를 만지거나 구경하는 게 전부다. 또 난디상과 사자상·코끼리상에도 올라앉거나 귀나 코 등을 붙잡고 사진을 찍기도 했다. 사원 안의 신상과 바깥벽면에 새겨진 조각품에도 너무 많은 손때가 묻어 까맣게 변해버렸다. 그러니 두 손 모아 경배하는 장면은 거의 찾아볼 수 없어 나그네를 어리둥절케 했다. 젊

시바신의 탈것인 난디상.

사원 꼭대기에 설치될 칼라
샤가 조각만 된 채 바윗덩이
에 그대로 붙어 있다.

은이들은 마치 놀이시설이 많은 유원지를 찾아 즐기는 장소로 여기는 듯
웃고 떠들고 장난까지 쳐 더욱 의아심을 자아냈다.

특히 네 번째 다하르마라자 라타 앞엔 사원 꼭대기에 올려져 있어야 할
칼라샤(kalasha)가 땅바닥 바윗덩이에 조각된 채 그대로 방치되어 있었
다. 만약 이 사원이 건축도면대로 완공되었더라면 더 걸출한 모습이 아니
었을는지? 또 빼어난 건축물에 감탄할 수밖에 없는 분위기를 자아내지는
않았을까? 하는 등등의 궁금증이 생겼다.

두르가 신

두르가는 시바의 비다. 힌두신화에서 두르가는 성스러운 여전사의 모
습으로 등장한다. 무기를 들고 전쟁터에 나가 악마를 물리치는 게 그녀의
가장 중요한 역할이다. 그녀는 아름다우면서도 용감하다. 금빛 나는 열 개

의 팔과 신들에게 받은 무기를 손에 들고 사자 등에 올라 전쟁에 임한다. 그녀는 힌두여신으로는 가장 숭배를 받는다. 인도 전역에 그의 신상이나 이미지가 발견될 정도로 그에 대한 신앙은 보편적이다. 특히 벵골·아삼·데칸 지방에서는 모신(母神)으로 숭배되고 있다. 그녀는 아홉 가지의 형태를 보이기도 한다. 가우리(Gauri: 조용하고 우호적일 때의 모습), 찬디(Chandi: 무시무시한 형태), 안나뿌르나(Annapurna: 음식을 나누어줄 때의 형상), 따라(Tara: 용서해줄 때의 모습) 등등이다.

두르가와 관련된 신화

옛날 옛적 마히샤(Mahisha)라는 악마가 있었다. 그는 많은 신들을 제압하고 신들의 우두머리가 된다. 그러면서 신들을 천상에서 쫓아내버린다. 지상에서 떠돌던 신들은 힌두의 삼신(三神)인 브라흐마·비슈누·시바에게 찾아가 "피난처를 구해주십시오."라고 간청하기에 이른다. 그러자 삼신은 입에 광휘를 내뿜어 여신 두르가를 만들어낸다. 그리곤 자신들의 무기도 그녀에게 준다. 두르가는 악신 마히샤와 싸운다. 그녀의 무기를 든 천 개의 팔과 그녀가 탄 사자가 마히샤의 군대를 무찌른다. 마히샤는 버펄로·코끼리·무서운 인간 등의 형상을 취하면서 공격해왔지만 결국 그녀에게 살해되고 만다. 신들은 여신 두르가를 찬양하며 간청한다. "오~ 위대한 여신이여! 우리가 위험에 처했을 때 구원해주겠다고 약속해주십시오."라고. 그녀는 약속을 지킬 것을 다짐한다. 지금 인도에서 강력한 여성상을 추구하는 힌두 근본주의 여성단체들은 두르가를 그들의 상징으로 이용하고 있을 정도다.

4
해안사원

일행은 해안사원(Share Temple)으로 옮긴다. 자동차로 5분 이내 거리다. 바로 뱅골만 코로만델해 바닷가에 세워진 두 탑이다.

다섯수레사원에서 해안사원으로 가는 도로 양쪽엔 드라비다인 장인이 돌공예품을 다듬는 공장을 겸한 가게가 줄지어 서 있다. 팔라바왕조 이후 1400여 년의 전통을 이어온 장인들이 넘쳐난다는 걸 증명해준다. 이들의 돌 다루는 솜씨는 누대로 이어졌기에 경지에 들었다고들 입을 모은다.

2004년 12월, 서남아시아를 휩쓸고 간 쓰나미가 이 해안사원만을 피해 갈 리 만무다. 그러나 용케도 두 사원은 바닷물에만 잠겼을 뿐 붕괴되지 않고 원형을 잘 지켜냈다. 그만큼 튼실한 건축물이란 뜻이다. 지금은 사원 일대를 공원으로 조성했다. 해안 쪽엔 방풍림도 심었다. 잔디밭을 가꾸고 가로수로 꽃나무를 심었다. 주차장에서 사원으로 들어가는 길은 잔디밭 속에 사각형 시멘트 블록을 깔아놓았을 정도다. 잘 자란 가로수는 노랑꽃을 피워낸다. 낙화도 꽃이런가? 인도(人道)와 주변 잔디밭엔 떨어진 노랑 꽃잎이 수놓아 나그네의 걸음걸이가 사뿐사뿐 저절로 가벼워진다.

파도가 철썩이는 푸른 뱅골만 바닷가에 우뚝 솟은 두 사원 위엔 갈매기가 아닌 검은 까마귀들의 날갯짓이 바쁘다. 공원의 너른 초지 위에 우뚝 솟은 두 탑 앞엔 꽤 넓은 신전의 부속건물과 그 흔적들이 자리했다. 부속건물터엔 쓰나미가 할퀴고 간 생채기가 아직도 깊이 남았다. 축대 여기저기엔 돌들이 맨살을 드러냈고, 일부분은 패여 뒹굴기도 한다.

마말라푸람의 기념물군이 1984년 유네스코 세계문화유산으로 등재되면서 이 사원도 많은 변화를 가져온다. 해안 모래밭에 우뚝 솟은 이 사원을 바닷물로부터 보호하기 위해 큰 돌덩이들을 쌓아 방파제를 만들었다. 그 후 이 사원은 높은 방파제 위에 건조된 것처럼 보여 해안사원이라는 명칭에 흠결도 남긴다. 쓰나미 때엔 바닷물 속에 잠겨 있는 여섯 탑 일부가 모습을 드러내기도 했다고 전한다.

다섯수레사원과 이 해안사원은 팔라바왕조의 나라시마바르만 2세(Narasimhavarman Ⅱ, 재위 700-728) 때 세워진 시바 사원이다. 그럼에도 비슈누 신도 모셨다. 화강암을 벽돌처럼 다듬어 쌓아올린 사원이다. 모양은 피라미드형이다. 사원 꼭대기 즉 시카라(Sikhara: 북방 형식의 힌두사원은 본전 위의 높은 탑. 남방형 힌두사원에서는 탑 꼭대기 부분을 말한

다섯수레사원에서 해안사원으로 가는 도로 양쪽의 돌조각 공예품 가게들.

다.) 위에는 칼라샤(kalasha)를 얹었다. 이 칼라샤가 바로 전 둘러본 다섯 수레사원에선 조각만 끝낸 채 몸돌에 그대로 붙어 방치됐던 것과 흡사한 모양새였다. 이 두 사원은 인도의 초기 석굴 형태의 사원에서 남인도 양식의 사원으로 정착되기 직전의 사원 형태를 보인다. 이 사원은 얼른 보면 경주 불국사의 다보탑을 연상케도 한다. 물론 규모는 몇십 배 이상이지만.

해안사원 측면인 북쪽에는 발견된 지 오래되지 않은 연못 유적지가 나타난다. 연못 복판에는 조그마한 탑이, 그 뒤편에는 멧돼지 형상의 석조물이 서 있다. 연못 바닥에는 사구에서 솟아나는 물구멍도 보인다. 사원을 두른 담장 위에는 시바의 탈것인 황소 난디의 조각 좌상들이 빙 둘렀다. 사원 오른쪽 즉 내륙 쪽으론 기단만 남은 예배 공간인 석굴 만다파의 흔적이 보이고, 왼쪽 즉 바다 쪽으로는 세 곳의 성소가 나란히 자리했다. 앞과 뒤의 성소는 힌두사원의 본전인 비마나(Vimana)가 있는 시바를 모신 신전이다. 중간은 비마나가 없는 비슈누 신전이다.

시바 신

시바는 힌두교 3억3천만 신 중 우주 창조의 신 브라흐마(Brahma)와 우주 유지의 신 비슈누와 함께 3대 대표 신 가운데 한 분(位)이다. 즉 시바는 파괴의 신이다. 시바는 비슈누와 더불어 힌두교에서 가장 대중적이고 널리 숭배되는 신이다. 그러면서도 양면적이고 모순적인 성격을 가졌다. 그는 파괴적이면서도 동시에 창조적이며, 정적이면서도 역동적이고, 고행자인 동시에 관능의 상징이다.

힌두사상의 윤회란 이 세상은 창조와 유지, 파괴를 되풀이하는 것이다. 이 우주의 순환과정에서 창조된 것은 엄격한 법칙에 의해 파괴될 수밖에 없다. 그 역할을 담당하는 신이 바로 시바다.

인도인들에게 죽음은 새로운 다른 삶의 탄생을 의미한다. 즉 이들에게 파괴와 해체는 창조를 의미한다. 그래서 파괴의 신에게 주어진 이름이 '상서로운 자, 좋은 자'란 의미의 시바다. 시바의 양면성은 세속에서 해탈을 위해 히말라야에서 요가수행에만 몰두하는 마하요기(Mahayogi)이자 우주의 창조와 파괴에 적극 참여하는 우주의 댄서 나타라자(Nataraja)로 상징되는 것이 대표적인 예다.

시바 사원에서 시바의 이미지는 링가(Linga: 남성의 성기)로 표현된다. 시바만이 유독 신상보다는 링가로 불리는 돌기둥으로 숭배되고 있다. 생식력을 상징한 남근상은 재창조와 재생산을 의미한다. 링가 이외 시바의 대표적인 상징은 우주의 댄서인 나타라자다. 그는 오른손에 쥐고 있는 작은북의 리듬에 맞춰 춤을 춰 우주를 창조하고 균형을 맞춘다. 왼손의 반달 포즈는 우주를 파괴시키면서 일어나는 불꽃을 물로 잡는 형상이다. 북과 불을 잡고 있는 손이 창조력과 파괴력의 균형을 이룬 것이다. 시바의 탈것 (바하나: vahana)은 난디(Nandi)라는 황소다. 시바 사원에서 난디는 지성소의 맞은편에 자리한다.

시바는 여러 가지 신체적인 특징을 갖고 있다. 그는 세 개의 눈을 가졌다. 세 번째 눈은 물질을 태우는 파괴력을 갖는다. 두개골을 꿴 목걸이를 걸치고, 목에는 뱀을 둘렀다. 두 손, 때론 네 손에는 사슴가죽과 삼지창·작은북·해골로 된 타봉을 가진다. 그의 머리는 계단식으로 매트를 쌓은 것처럼 틀어올렸으며, 초승달과 갠지스강으로 장식한다. 피부는 잿빛 또는 흰색이다. 목에는 푸른 점이 있다. 여러 신을 보호하기 위해 독을 들이마셔 생긴 것이다.

시바는 여러 모습을 보여준다. 우주의 댄서(Nataraja)로, 벌거벗은 고행자로, 탁발승으로, 배우자 파르바티, 아들 스칸다(Skanda)와 더불어 평화로운 모습 등을 드러낸다.

시바의 배우자는 여러 이름으로 나타난다. 파르바티, 안자나(Anjana), 나타라자, 두르가(Durga), 우마(Uma), 강가(Ganga), 사티(Sati), 칼리(Kali) 등이다.

파르바티나 사티 등은 시바의 순종적인 여신이다. 사티는 시바를 위해 화장장 불꽃에 뛰어들어 순장한 신이다. 파르바티는 시바와의 사이에 아

해안사원 전경.

들 가네샤와 스칸다를 두었고, 안자나와는 원숭이 얼굴을 한 하누만을 낳
는다. 이들은 히말라야의 카일라스산에서 산다. 이에 비해 두르가와 칼리
는 독립성이 강한 여신이다. 도전적이고 파괴적인 성격을 가진 여신이다.

비슈누 신

힌두교 3신의 한 분(位)으로 우주의 유지와 보존의 신이다. 세상의 질
서이자 정의와 의무 즉 행동규범인 다르마를 지키게 하고, 인간을 보호하
는 기능을 가진다. 따라서 힌두신 중 가장 선하고 자비로운 형상의 신이
다.

인도의 가장 오래된 성전 『리그베다(Rigveda)』에서는 "전 우주를 3보
로 활보했다."고 칭송될 정도지만 그때는 중요한 신은 아니었다. 그러다

해안사원의 첫 성소 안. 시바와 우마 사이에 난 아들 스칸다의 자그마한 조각도 보인다.

가 「베다(Veda)」 시기 말엽부터 그의 숭배가 점증하기 시작해 「마하바라타」나 「푸라나」 시기에 이르러 3대 신의 한 분으로 자리를 잡는다.

비슈누 신앙이 커지면서 대중적인 몇몇 신들은 그의 아바타르(Avatar: 化身) 형태로 흡수되기도 한다. 즉 힌두교의 화신(化身, Incarnation) 개념인 아바타르 사상은 큰 의미를 갖는다. 힌두신화에서 비슈누는 지상의 진리와 질서, 그리고 정의(다르마)가 오염 또는 무너질 때마다 인류를 구하기 위해 여러 가지 형태를 취해 지상에 나타난다.

비슈누의 대표적인 10아바타르는 다음과 같다. ① 물고기 마쯔야(Matsya) ② 거북이 꾸르마(Kurma) ③ 멧돼지 바라하(Varaha) ④ 반인간·반사자인 나라심하(Narasimha) ⑤ 도끼를 가진 빠라슈라마(Parashrama) ⑥ 발라라마(Balarama) ⑦ 전설적 영웅인 람(Ram) ⑧ 크리슈나(Krishna) ⑨ 불교의 창시자인 붓다 ⑩ 그리고 우주의 해체 시기에 나타나게 될 칼키(Kalki) 등이다.

비슈누는 앞으로 칼키라는 화신으로 이 지상에 내려올 것이다. 특히 비슈누는 브라흐마와 시바처럼 악마들에게 은총을 베풀지 않고, 악마는 그에 의해 파괴되는 것 역시 유지 기능을 잘 말해준다.

신화나 조각상에 묘사되는 그의 모습은 네 개의 손에 고동·원반·철퇴·연꽃을 가지고 서 있는 잘생긴 남성의 형상이다. 고동은 우주의 근원과 생명의 근원을 의미하고, 원반은 우주의 질서를 파괴하는 악마의 머리를 베는 무기이며, 철퇴는 원초적인 지식을 뜻하고, 연꽃은 청결함과 평화, 그리고 아름다움과 생식 충동을 의미한다. 또 다른 주요형상은 대양 위에 똬리를 틀고 떠 있는 뱀 아난타(Ananta) 위에서 잠자는 모습이다. 힌두사상에서 우주는 창조의 신 브라흐마, 유지의 신 비슈누, 파괴의 신 시바에 의해 창조·유지·파괴의 과정을 끊임없이 되풀이한다. 인간 역시 태어남과 죽는 과정을 되풀이한다. 이같이 우주와 인간의 삶이 끊임없이 순환되는 이유를 설명한 것이 바로 업(業)과 윤회(輪廻)사상이다.

우주의 생성과 소멸이 무한하게 반복할 때 즉 우주의 1주기를 칼파

두 번째 성소에 있는 비슈누. 대양에 똬리를 튼 뱀 아난타 위에 누워 있다.

(Kalpa)라고 부른다. 칼파와 칼파 사이에는 휴지기를 가진다. 이때 비슈누는 우주적 대양에 똬리를 틀고 있는 뱀 아난타(일명 쉐샤) 위에 누워 휴식을 취한다. 휴지기가 끝날 무렵 비슈누가 깨어나면 그의 배꼽에서 연꽃이 자라나고 그 안에 창조의 신 브라흐마가 나타난다. 브라흐마는 다시 새로운 칼파를 창조한다. 비슈누의 탈것은 독수리 형상을 하고 있는 가루다다.

첫 성소에는 시바와 그의 비 우마, 그리고 둘 사이에 난 아들 스칸다의 조그마한 조각상 등이 새겨졌다. 비나마(힌두사원의 본전)가 없는 두 번째 성소에는 비슈누가 대양의 뱀 아난타의 똬리 위에서 휴식을 취하고 있는 형상의 석조상이 자리한다. 이 성소는 두 사원의 중간지점에 위치한다. 비좁은 통로를 겨우 꺾어 들어가야만 볼 수 있다.

가장 뒤쪽의 세 번째 성소는 시바의 상징인 링가와 그 뒤에 시바의 가족 부조가 새겨졌다. 오석(烏石)으로 만들어진 이 링가는 북인도를 지배했던 이슬람 세력이 이곳을 침략했을 때 상단부를 상당히 파손해버리고 남은 부분이다. 나그네는 이제까지 많은 링가를 봐왔다. 그러면서도 이곳의 링가는 비록 부숴져 일부만 남았지만 너무도 당당하고, 야성적이고, 육감적이라 사진을 여러 컷 찍는다. 부서진 링가 끝부분엔 앙증맞은 노란 꽃 한 송이가 얹혀져 있어 더욱 눈길을 사로잡는다.

링가에 얽힌 신화

힌두교의 「링가푸라나」 경전에는 시바가 28개의 모습을 가진다고 했다. 또 108개의 형상을 가진다고 적은 경전도 있다. 또 어떤 경전은 시바가 하늘의 네 방향과 천개(天蓋)의 꼭대기 방향에 따라 다섯 개의 얼굴을 지녔다고 쓰였다. 링가 또한 이들 형상 중 하나임은 물론이다.

옛날 옛적 그 옛날, 우주는 어둠으로 덮였고 세상은 물로 넘쳐났을 때다. 창조의 신 브라흐마와 유지의 신 비슈누가 각자 우주만물의 주인공은 자신이라고 다툰다. 이때 바다에서 거대한 불기둥이 솟아오른다. 이 불기둥의 길이를 알아보려고 브라흐마는 거위로 변해 하늘로 날아올라 살펴

해안사원 안 성소에 있는 상단부가 파손된 링가. 앙증맞은 노란 꽃 한 송이가 얹혀져 있다.

고, 비슈누는 멧돼지로 변해 바닷속으로 파고든다. 그러나 실패한다. 이때 불기둥이 갈라지면서 시바 신이 나타나 이 불기둥은 시바의 화신과 권능을 상징하는 우주적 형태의 링가라고 설명하면서 우주의 주인공은 나라고 선언한다.

또 다른 얘기도 전한다. 만물의 주인인 시바는 세상을 파괴한 후 창조에 대한 구상에 몰두한다. 이때 브라흐마가 새로운 우주를 창조하자 화가 난 시바가 입에서 뿜어낸 불로 우주를 파괴하기 시작한다. 이런 파괴행위에도 성이 안 풀리자 창조의 근원인 남근을 뽑아버린다. 이에 놀란 브라흐마가 시바에게 사정하자 그때야 파괴를 멈춘다. 그리곤 하늘로 올라가면서 남근을 땅에 꽂아둔다. 그 뒤부터 창조의 근원인 시바의 남근에 기도를 올리면 모든 일이 이루어진다는 믿음이 생겼다고 한다.

또 다른 신화는 옛날 그 옛적, 숲에서 고행하는 성자 무리가 있었다. 고행 중인 수행자의 모습을 한 시바는 성자들의 부인들을 꾄다. 분노한 성자들은 그 요가 수행자를 붙잡아 성기를 잘라버린다. 그 성기가 땅에 떨어지는 순간 우주가 어둠 속으로 빠져버린다. 성자들은 수행자인 시바에게 빌면서 "빛을 되돌려주십시오."라고 간청한다. 시바는 성자들에게 "링가의 형상을 숭배할 수 있겠느냐?"고 묻는다. 성자들이 "꼭 숭배하겠습니다."라는 답을 한다. 그러자 세상을 다시 밝게 해주었다고 한다.

링가 숭배

힌두교에서는 시바의 상징이며 화신이 바로 '링가(Linga)'다. 이 링가는 풍요·다산 그리고 창조능력을 상징하기에 힌두교인은 시바처럼 숭배한다. 아리아인 이외의 인도 선주민들은 지모신(地母神)과 더불어 링가를 숭배해왔다. 시바 신 사원의 본전은 사람 모습을 한 시바 신상을 모신 곳은 드물고, 대부분 링가를 세워 숭배한다. 그런데 카스트제도까지 이어받지 않은 동남아시아 힌두국가에서는 링가를 시바의 화신인 동시에 왕권과 동일시하고 있다. 이는 왕권신수설을 바탕으로 해 왕이 절대군주로 백성을 통치하려고 했기 때문이다. 따라서 그들은 왕이 곧 신이기 때문에 다산·풍요·창조능력을 가지는 것은 너무도 당연하다고 생각했다.

인도의 카스트제도는 브라만(brahman)이 최상층 계급이다. 그 아래 계층인 왕이나 귀족은 크샤트리아(ksatriya) 계급이기 때문에 왕이 신과 동일시되는 링가를 상징할 수 없는 것이다. 더욱이 신권을 강화해 링가의 효과를 극대화시킨다. 바로 링가를 요니(Yoni: 여근상)와 결합시켜 놓는 경우가 대부분이다. 링가는 끝이 둥근 원통형 형상을 한 것이 보통이다. 끝한쪽 또는 사방에 시바의 얼굴을 조각한 것을 '무카 링가(Mukha-Linga)'라고 부른다.

요니는 링가의 대좌(臺座)로 결합한다. 대좌의 모양은 사각형 또는 원형이며, 홈이 파였다. 힌두교인들은 링가와 요니의 이 결합체에 꽃을 바치고 기름을 부으며 숭배한다. 기름은 홈을 따라 흘러내린다. 그래서 요니와 링가의 결합체는 언제나 기름기로 번들거리며 검게 보인다.

성소 바깥 오른쪽엔 두르가의 탈것인 무시무시한 형상의 사자좌상이 있다. 두르가는 사자 오른쪽 다리 위에 한쪽 다리를 뻗고 걸터앉은 자세를 취했다. 이 좌상 앞엔 엎드린 작은 사자상이 있다.

해안에 우뚝 솟은 두 사원 중 높은 사원은 높이가 18미터에 이른다. 외형으론 두 개의 사원이지만 같은 기단 위에 세워졌기에 하나의 건물이나 다름없다. 기단은 가로·세로 15미터의 정방형이다. 두 사원 형태로 건축한 것은 시바와 비슈누 등 각각의 신을 상징하기 때문이리라. 허물어진 담장 위로 난디 조각상들이 앉아 있는 회랑을 돌아 흔적만 남은 고푸람 쪽으로 와 다시 사원을 조망한다.

참으로 튼실하고 아름다운 사원임을 새삼 실감한다. 같은 재질의 화강암 잔돌로 다듬어 세운 경주 불국사의 다보탑과 석가탑은 짠 바닷물에 젖지도 않았지만 그동안 여러 차례의 보수공사를 하지 않았던가? 특히 이 해안사원은 다보·석가 두 탑보다 규모가 수십 배에 달하건만 외벽 마모에 그치고 있으니 드라비다인 장인의 솜씨가 빼어남에 새삼 놀랄 수밖에.

해안사원 방파제 위에서 본 코로만델 해안.

　방파제를 쌓기 전에는 바닷물이 밀려들어 사원 꼭대기까지 잠기는 일이 잦았다고 한다. 1,400여 년이란 긴 세월에 그 단단한 화강암 조각품의 외벽도 온전히 견뎌낼 수 없었던 모양이다. 특히 짠 바닷물까지 보탠 풍화 작용에 맨살을 드러냈으니깐. 사원 외벽의 수천 개의 정성스러운 조각품이 형체를 알아볼 수 없을 정도로 마모가 심해 안타까움을 더했다.

　힌두교의 순환적인 시간관
　힌두교의 신화 「푸라나(Purana)」에 따르면 창조의 신 브라흐마는 낮에 우주를 창조한다. 이 우주는 43억 2천만 년간 이어진다. 이 기간이 지나고 밤이 오면서 브라흐마는 잠자리에 들게 된다. 이때 우주는 물에 의해 파괴되고 전 우주는 그의 몸속으로 흡수돼 버린다. 이 우주의 1주기를 '칼파(kalpa)'라고 부른다. 이러한 우주의 생성과 해체 과정은 100브라흐마 년(年)인 브라흐마의 생애가 끝날 때까지 이어진다. 100브라흐마 년이 끝나면 우주는 불·물·공간·바람·흙 등 5개의 자연요소로 해체돼버린다. 이 단계가 우주의 궁극적인 '프랄라야(Pralaya)'다.

1칼파는 1000마하유가(Mahayuga)로 구성된다. 그리고 각 마하유가는 다시 4유가(Yuga)로 나뉜다. 진리의 시대와 축복의 시대인 크리타(Krita) 유가, 정의 즉 다르마가 점점 오염되는 트레타(Treta) 유가, 선이 쇠퇴해 질병과 욕망 그리고 재앙이 엄습하는 드와파라(Dwapara) 유가, 암흑의 시대로 고통·근심·기아·공포가 만연하는 칼리(Kali) 유가 시대가 그것이다. 칼리 유가 말기가 되면 세상이 홍수와 불로 파괴된다. 위의 4유가의 순환이 1천 번 되풀이되는 1칼파가 지나면 밤이 찾아와 브라흐마의 휴지기가 이어진다. 이때 비슈누가 대양의 뱀 아난타의 똬리 위에서 깨어나고, 배꼽에서 연꽃이 자라나 창조의 신 브라마하가 모습을 나타낸다. 그래서 다시 새로운 우주시대 칼파를 창조한다.

대승불교에서 붓다의 다른 형상인 비로자나불이나 아미타불, 그리고 미래불인 미륵불 등도 힌두교의 화신 개념인 아바타르 사상에서 영향을 받았을 것이다. 특히 석가모니 입멸 후 57억 7천만 년 만에 이 세상에 모습을 드러내 중생을 구제한다는 미륵불사상도 힌두교 비슈누의 열 번째 화신인 칼키가 앞으로 지상에 내려와 우주를 해체한다는 것과 혹 연계성이 있지 않을까.

5
갠지스강의 강하

 일행은 해안사원을 둘러본 후 바로 숙소로 돌아와 여장을 푼다. 오후 5시다. 어젯밤 제대로 자지 못했으니 일찍 일정을 마친 것이다. 벵골만 코로만델 해안에 위치한 이 호텔은 본관과 별관으로 분리됐다. 두 동 모두 2층이다. 자연경관과 멋진 조화를 이루었다.

 야자나무와 열대림이 정원을 둘렀다. 멋진 수영장도 딸려 있다. 룸 크기도 20여 평에 달해 속이 시원하다. 에어컨도 가동 중이고. 나그네는 정 사장님이 샤워할 동안 호텔 주변 산책에 나선다. 돌아오니 벌써 룸에 술상을 차려놓았다. 중심가에는 전망과 분위기 좋은 레스토랑이 줄을 이었다. 그곳에서 먹은 점심값이 의외로 만만찮았다. "서양인들이 많이 찾는 곳이라 그런 것 아닐까?"라고 생각한다.

 해안사원을 둘러볼 때 운전기사에게 부탁해 어렵게 맥주를 구했다. 거기다가 공항 면세점에서 산 양주를 보탠다. 비상 안주까지 탁자 위에 차려놓으니 술자리가 푸짐해 카페나 레스토랑이 부럽지 않다. 남인도에서는 술 사는 게 무척 힘들다. 술을 파는 음식점도 아주 드물다. 그러니 자칫 잘못하면 술꾼은 굶을 수밖에.

 "최 선생님! 빨리 샤워하고 얼큰한 상태에서 푹 자도록 합시다."라고 재촉한다. 가이드 아샤 양을 비롯한 다른 일행 역시 피로가 겹쳤는지 룸 밖으로 모습을 드러내지 않는다. 편안한 차림의 두 사람은 폭탄주를 권커니

마말라푸람의 중심가. 도로 양쪽은 레스토랑과 카페 골목이다.

잣거니 하다 불콰한 상태에서 잠자리에 든다.

다음날 아침, 곤한 잠에서 깨어보니 커튼 사이로 아침 햇살이 비수처럼 눈을 찌른다. 아뿔싸! 어제 저녁 마신 술이 과했던가. 벵골만 해돋이를 보려고 단단히 벼렸는데 말이다. 벌써 오전 7시다. 일출 시간은 이미 1시간이 지났다.

주섬주섬 옷을 걸치고 룸을 나선다. 본관 앞 풀장만 지나면 바로 백사장이다. 숙박업소가 밀집된 코로만델 해안에선 새벽에 고기잡이 나갔던 어부들이 이미 돌아와 뱃전에서 그물코에 걸린 물고기 거두는 작업이 한창이다. 그쪽으로 발걸음을 옮길 때 한 호텔 종업원이 부른다. 손에 든 카메라를 보더니 사진을 찍어주겠다고 한다. 생각하지도 않았는데 해안사원을 배경으로 한 멋진 사진 몇 컷을 얻는다. 얼른 1달러를 손에 쥐여준다.

어제 일찍 숙소로 들어오는 바람에 오늘(3월 12일) 일정이 빡빡해진다.

마말라푸람의 고바르단산
의 최정상에 세워진 올락
깐네스바라 사원.

빨리 식당으로 가야 하기에 발길을 되돌린다. 어제 못 본 유적을 서둘러
봐야 한다. 그리곤 팔라바왕조의 왕도 칸치푸람으로 이동해 그들의 찬란
한 문화를 둘러봐야 하고, 이어 첸나이로 다시 돌아가 야간열차를 타고 마
두라이로 떠나야 한다.

고바르단산 전망대는 유적 보물창고

이곳 마말라푸람의 남은 유적지로 향한다. '갠지스강의 강하(降下:
Descent of the Ganges)' 일명 '아르주나의 고행(Arjuna's Penance)'이라
는 거창한 야외 암석부조와 크리슈나 만다파(Krishna Mandapa)부터 먼
저 찾는다. 이 거대한 야외 암석부조와 만다파(사원 홀에 열주가 있는 석

굴)는 버스터미널에서 도보로 1분 거리다. 이 도시 한복판에 자리한 상당히 너른 바위언덕 즉 고바르단산 기슭의 큰 바위 한쪽 절벽을 쪼아 만든 유적이다. 이 세상에서 8세기 초 야외 암석부조로는 최고의 걸작으로 꼽는 데 이설이 없을 정도다. 이 바위언덕에는 화강암 바윗덩이들이 여기저기 솟았다. 말이 산일 뿐 해발 60-70미터에 불과한 뒷동산이다. 그럼에도 동쪽으로 코로만델 해안의 탁 트인 바다를 품었고, 서쪽으론 끝없이 펼쳐진 평원을 거느렸기에 최고의 멋진 전망대 구실을 한다.

바윗덩이 사이사이에는 조그마한 숲들이 들어앉았다. 이 숲 곳곳의 바윗덩이 일대에는 크리슈나 버터 볼(Krishnas Butter Ball)을 비롯해 여러 개의 만다파와 라타(Ratha: 수레) 사원·고푸람 등 유적이 흩어져 볼거리가 지천으로 늘렸다. 바위 언덕 전체가 유적 창고이며, 전시장인 셈이다. 빨간 지붕을 가진 등대와 그 옆 산정상에 자리한 올락깐네스바라 사원(Olakkannesvara Temple)은 마말라푸람 어디서나 보여 관광객들의 발걸음을 재촉한다. 특히 어둠이 찾아들면 등대와 라야 고푸람(Rayar Gopuram)에 불을 밝혀둬 이루 말할 수 없이 아름다운 야경까지 연출해낸다.

「마하바라타(Mahabharata)」

인도의 고대 신화 중 하나다. 인도 고전 가운데 신화를 담고 있는 대표적인 작품은 시대순으로 「베다(Veda)」 → 「브라흐마나(Brahmana)」 → 「우파니샤드(Upanishad)」 → 「마하바라타」 → 「라마야나」 → 「푸라나(Purana)」 등을 꼽는다. 「마하바라타」는 그리스와 로마 신화인 「일리아드와 오디세이」를 합한 양의 일곱 배에 이르는 거대한 분량이다. 서사시론 세계에서 최대분량이다. 이 신화의 내용은 하리왕조의 사촌왕자들이 왕권을 놓고 벌이는 전쟁이 골격을 이룬다. 이 전쟁과정에서 신화적인 요소와 힌두사상이 가미되었다. 특히 힌두사상에서 가장 강조된 것이 바로 다르마다. 왕·전사·개인을 포함한 모든 사람들이 지켜야 할 의무 즉 다르마를 중시했다.

이 서사시에는 유지와 보존의 신 비슈누가 여덟 번째 화신 크리슈나로 등장해 그의 사상을 전해준다. 가장 잘 알려진 작품은 「바가와드기타(Bhagavadgita)」다. '신의 노래'라는 뜻을 가졌다. 이 작품은 영웅 아르주나 왕자와 크리슈나의 대화 형식으로 꾸며졌다. 크리슈나는 사촌 왕자들과의 전투를 벌이기 전 고뇌하는 아르주나(Arjuna)에게 전사로서의 의무 즉 전사의 다르마를 상기시켜준다. 즉 전사 아르주나는 사사로운 정리(사촌 간의 전쟁)를 버리고 신에 대한 믿음으로 그 임무를 수행하는 게 더 높은 길임을 깨닫게 가르쳐준다. 이 「바가와드기타」는 1-2세기쯤에 쓰였을 것으로 추정한다. 「마하마라타」의 제6권에 들어 있다. 모두 18장 7백여 개의 운문으로 기록되었다.

갠지스강의 강하

'갠지스강의 강하(降下)'와 크리슈나 만다파(Krishna Mandapa)는 높이 13미터, 너비 29미터에 달하는 큰 화강암 절벽 전면에 부조와 석굴로 꽉 채워진 유적이다. 갠지스강의 강하란 마애부조는 산스크리트어로 기록된 인도 대서사시 「마하바라타」의 주요 내용을 새겨놓았다. 실물 크기의 코끼리를 비롯해 1백 개의 조각상이 너무도 사실적으로 묘사돼 펼쳐졌다. 또 그 옆에는 「마하바라타」의 주인공 아르주나에게 일깨움을 줘 전쟁에서 승리를 거두게 한 크리슈나 만다파가 연이어 붙었다.

이 거대한 야외 암석부조를 두 가지 이름 즉 '갠지스강의 강하'와 '아르주나의 고행'이라고 각각 다르게 부른다. 암석부조 위쪽 즉 천상계 중간쯤 묘하게 세로로 쭉 파인 골짜기가 바닥인 저수조 즉 인간계까지 이어진다. 이 골짜기에 천상에서 지상으로 내려오는 갠지스강의 여신 강가(Ganga)의 신화 내용이 새겨졌다. 그 때문에 이 부조를 '갠지스강의 강하'라고 부른 것이다.

천상에 있는 갠지스강의 신 강가가 중간의 골짜기를 타고 강하하고 있는 장면.

아르주나는 누구일까

인도의 고전 서사시 「마하바라타」에 나오는 판다바스(Pandavas)족의
다섯 왕자 중 셋째다. 그는 훌륭한 궁사로 사촌인 카우라바스족의 1백 형
제와 18일간 벌어진 대혈투에서 승리의 주인공이 된다. 이 전투에서 비슈
누의 화신인 크리슈나는 아르주나의 전차를 모는 마부다. 아르주나는 전
장에서 "골육상쟁을 해야 하느냐?"로 번민한다. 이때 크리슈나가 왕자와
무사의 다르마를 깨쳐준다. 그가 크리슈나와 나눈 대화는 「마하바라타」
의 일부인 「바가와드기타」에 기록되었다. 「바가와드기타」의 내용은 성지
인 꾸르 평원에서 펼쳐지는 친족끼리의 결전이 주무대다.

아르주나와 크리슈나의 대화는 힌두교인에게뿐만 아니라 인도 사상가
들에게 있어서도 정신적인 지주 노릇을 한다. 특히 근대 인도의 국부로 추

앙받는 마하트마 간디는 고난에 찬 그의 생애를 살아오는 동안 절망에 부딪혔을 때 항상 「바가와드기타」의 시구(詩句)에서 무한한 용기를 얻었다."라고 술회한 바 있다.

크리슈나 신

람(Ram)과 함께 대중적인 신이며, 신성한 사랑의 상징으로 숭배된다. 그는 비슈누의 여덟 번째 화신이다. 크리슈나 신화의 출처는 「마하바라타」 서사시와 「푸라나」 10~11권이다. 그는 인도 마투라 지방을 지배했던 야다브족의 사악한 왕 칸사(Kansa) 시대에 바수테브와 데바키 사이에서 태어났다. 그의 어머니 데바키는 왕 칸사의 여동생이다. 칸사는 "데바키의 아들에 의해 파멸될 것이다."라는 예언을 듣는다. 그는 여동생 데바키가 낳은 아이들을 차례대로 죽인다. 여덟 번째 아들 크리슈나가 태어

크리슈나가 목동으로 자랄 때 소젖을 짜고 있는 모습을 재현한 조각상.

크리슈나 만다파의 정면. 석굴 위에는 화강암 바윗덩이들이 얹혀 있다.

난다. 그의 아버지 바수테브가 크리슈나를 남몰래 야무나강 건너 고쿨라(Gokula)란 마을의 소치기 부부에게 맡긴다. 크리슈나는 그들 소치기 부부의 아들로 성장한다.

아버지가 갓 태어난 크리슈나를 바구니에 담아 강을 건너 탈출할 때 강이 두 갈래로 갈라졌다. 성경에 나오는 예수와 모세의 이야기를 연상시킨다. 크리슈나의 어린 시절은 짓궂은 개망나니 생활로 이어진다. 반면 악귀들을 물리치고, 기적을 보이기도 한다. 젊은 그는 고쿨라 마을의 고삐(소치는 여인네들)의 연인이기도 했다. 그가 달콤한 선율로 피리를 불면 처녀든 유부녀든 고삐들은 그 매혹적인 가락에 홀려 마을에서 숲으로 몰래 나와 빙빙 돌며 열정적인 사랑의 춤을 추었다. 고삐들 중 그의 연인은 기혼녀인 라다(Radha)다.

이 격정적인 춤의 광경을 보기 위해 신들과 죽은 이들이 지상에 내려올 정도였다. 힌두교에선 고삐들과의 관계를 신과 인간의 영혼적인 관계로 풀이한다. 크리슈나와 라다의 관계는 이후 힌두사회에서 영원한 연인의 상징이 된다. 고대에서 현대에 이르기까지 시인들은 이들의 사랑 얘기를 시로 썼고, 노래와 회화로 만들기도 했으니 말이다. 크리슈나는 장성해 마투라로 돌아와 외삼촌인 왕 칸사를 살해한다. 그는 야다브족을 이끌고 서부로 이주해 드바라크란 곳에 왕궁을 짓고 여러 여인과 결혼도 한다.

「마하바라타」 서사시의 두 가문 즉 사촌 간인 카우라바스족의 1백 형제와 판다바스족 다섯 형제 사이에 전쟁이 벌어진다. 이때 크리슈나는 두 가문에게 자신의 두 가지 제안 중 하나씩을 선택하라고 말한다. 무기 없이 시중만 드는 행위, 무기를 빌려 쓰는 행위다. 판다바스족은 그의 제안 중 전항을 택한다. 크리슈나는 판다바스족 다섯 왕자 중 용사인 아르주나의 전차를 모는 마부가 된다. 사촌 간 혈족의 대전투를 앞두고 아르주나는

'갠지스강의 강하' 또는 '아르주나의 고행'이라고 부르는 암벽 마애부조의 코끼리상.

8세기 초 마애부조로는 최상의 걸작이란 평을 받는 '아르주나의 고행'.

"사촌끼리 왜 잔인한 살육전을 벌어야만 할까?"라는 화두를 놓고 번민에 빠진다. 차라리 무기를 버리고 죽임을 당하는 게 좋다고 생각한다.

이때 크리슈나는 아르주나에게 왕과 전사의 의무 즉 다르마를 통해 싸움에 이길 수 있도록 깨우쳐준다. 이 깨우침은 힌두철학의 정수로 「바가와드기타」를 통해 전해진다. 승리해 드라바크에 돌아오자 형제들 사이에 싸움이 일어나 그의 동생과 아들이 살해된다. 그가 숲에서 울고 있을 때 사냥꾼이 사슴으로 오인해 화살을 쏜다. 완벽한 신의 존재인 그도 단 한 곳의 치명적인 약점인 발뒤꿈치를 맞아 죽는다.

'아르주나의 고행'이란 다른 이름에도 이유가 있다. 부조 중 골짜기 왼쪽 바로 옆 상단 부분에 독특하게 생긴 고행상을 두고 해석을 달리하기 때문이다. 이 고행상은 두 팔을 머리 위로 올려 맞잡고, 오른쪽 다리를 왼 다리 무릎에 댄 채 외다리로 서 있다. 오랜 고행으로 갈비뼈가 앙상하게 드러난 수행자다. 이 상(像)을 두고 고고학계 일부 학자들은 갠지스의 여신 강가(Ganga)의 하강을 기도하는 바기라타의 모습이라고 부른다. 또 다른 한편에선 '아르주나의 고행'상이라고 주장한다. 시간이 지나면서 지금은 후자의 주장이 고고학계의 주류를 이루는 듯하다. 특히 이 부조에 연이은 만다파가 아르주나에게 참된 자아의 깨달음을 줘 전쟁에 승리하도록 한 크리슈나를 주제로 한 석굴이기 때문이다. 따라서 '아르주나의 고행'이라고 이름 붙인 학자들의 주장에 더 힘이 실린다.

6
크리슈나 만다파

　'갠지스강의 강하'와 '아르주나의 고행'이라고 각각 다른 이름으로 불리는 이 암벽 마애부조는 팔라바왕조의 라자심하 나라시하바르만 2세(재위: 690-728) 때 만들어졌다. 그는 통일신라시대 때 경주 불국사와 석굴암을 건축한 김대성(700~774)보다 한 세대(약 30여 년) 앞선 인물이다.

　1백 개의 조각상으로 이루어진 이 암벽부조는 힌두신화의 천상계(天上界)와 인간계(人間界), 그리고 동물계(動物界)를 아울러 표현해냈다. 천상계는 하늘나라의 요정 압사라(Apsara), 음악신이며 사랑의 여신인 반신반마(半身半馬) 칸나라(Kinnara), 별자리를 관장하는 향신(香紳) 간다르바(Gandharva) 등 무리 지어진 신과 여신이 등장한다. 또 하늘나라 궁전 등도 조각으로 묘사했다. 인간계는 백성·은둔자·사냥꾼 등 사람, 동물계는 실물 크기의 코끼리무리가 천사부대와 행군하는 모습, 원숭이·말·뱀신 나가(Naga: 龍) 등 다양한 야생동물상이 조각됐다.

　암벽 마애부조 중간에 세로로 파인 골짜기엔 천상에 흐르는 갠지스의 신 강가(Ganga)의 신성한 물을 시바가 일곱 타래의 머리카락을 통해 지상으로 흘러내린다. 강가의 물에는 뱀신 나가와 뱀여신 나기(Nagi: 龍女), 그리고 코브라가 하강하는 강가의 신성수를 받아내고 있다.

강가 신
　강가(Ganga) 신은 인도문화의 상징이며, 강(江)의 여신이다. 즉 강가

는 인도에서 가장 성스러운 강인 갠지스강을 상징하는 여신이다. 강가
(Ganga)는 갠지스의 산스크리트어이며, 영어 표기는 갠지스(Ganges)다.
힌두교에서 강가는 비슈누의 발에서 솟아 은하수로 하늘을 흘러 시바의
헝클어진 머리타래를 타고 땅으로 떨어진다고 믿는다. 강가는 그 지류인
야무나강과 함께 독자적인 여신으로 신봉되기도 한다. 힌두교인들은 자
연이 신의 모습이거나 신들이 거처하는 곳으로 인식해 신성시한다. 그들
의 숭배 대상은 신과 반신(半神)뿐 아니라 동·식물과 자연물 등이 신격화
되었다. 코끼리·소·원숭이·새·보리수·소마 등의 동식물, 강가·야무나·
히말라야 등의 강과 산, 그리고 태양·달 등의 천체 등도 신격화해 숭배한
다. 인도인들에게 강가는 천상에서 유래된 성스러운 물줄기일 뿐만 아니
다. 그들의 심성을 형성시키는 문화적 흐름이고, 영원한 유산이자 또 움
직이는 역사다. 그들에게 강가는 신비하고, 고요하며, 모든 것을 받아들여
용해시키는 상징물이다.

강가(Ganga)에 관한 신화

태양왕조인 수리야밤샤(Suryavamsha)의 사가르(Sagar)왕이 말 희생제
의를 드릴 때 제물로 바칠 말을 풀어놓고 그의 6천 명의 왕자들에게 그가
지배하는 여러 왕국에서 "그 말이 마음대로 휘젓고 뛰어놀 수 있도록 하
라."고 명령한다. 신 인드라가 시기심에서 그 말을 훔친다. 그리곤 지하 영
역인 빠딸라로 몰고가서 대성자 까삘라가 명상하는 부근에 매어놓는다.
말을 찾아낸 왕자들이 까삘라를 범인으로 알고 공격한다. 그러자 성자 까
삘라가 분노하여 왕자들을 재로 만들어버린다. 왕자들이 돌아오지 않자
사가르왕은 손자 안슈만을 보낸다. 까삘라에게서 모든 사실을 알게 된 손
자 안슈만은 그에게 경배를 올린다. 이에 만족한 성자 까삘라는 "그대의
손자가 천상에서 강가(Ganga)의 물을 내려오게 해 그 성수로 정화의례를
행하면 재로 변한 조상들을 구원할 수 있을 것"이라며 축복을 내린다. 안
슈만의 손자 바기라트가 왕위에 오른 후 이 축복을 실현하기 위해 히말라

야로 간다. 천상에서 흐르는 강가 여신에게 지상으로 내려오도록 천 년간 고행하며 간청한다. 강가는 오만하게 말한다. "누구도 천상에서부터 땅으로 떨어지는 그 낙하의 힘을 막을 수 없다. 오히려 나의 무섭게 떨어지는 물의 힘이 땅을 뚫어 지하세계로 미끄러질지 모른다. 왕의 목적은 결코 이루어낼 수 없을 것이다."라고. 그럼에도 바기라트의 간청이 계속되자 여신은 "시바를 설득해 그의 머리칼이 하강의 힘을 완화시키도록 하면 된다."고 조언한다. 왕은 시바 신에게 "강가의 하강하는 힘을 지탱할 수 있게 해주세요."라고 고행하며 간청한다. 바기라트왕의 간청이 결국 통한다. 강가가 시바의 머리타래를 붙잡고 떨어질 때 정중한 예를 보이지 않자 화가 난 시바가 많은 머리타래 안에 강가의 물을 여러 해 동안 가둬버린다. 바기라트왕은 다시 시바에게 가서 강가의 물을 풀어주도록 간청한다. 그러자 강가의 물이 시바의 머리타래를 통해 땅으로 천천히 흘러내린다. 마침내 강가가 사가르(바다와 만나는 지점)에 닿게 되자 바기라트왕의 6천 명 조상의 재를 정화시켜 영혼을 구원한다.

생명과 정화의 원천인 강가

강가는 인도인에게 생명과 정화의 원천이며, 천상과 지상을 연결하는 장소다. 강가는 힌두사상의 핵심인 생과 사의 반복 즉 윤회를 상징한다. 힌두교인은 강가에 몸을 담그면 모든 오염과 죄를 씻을 수 있고, 강가에서 죽음을 맞으면 천상이나 해탈에 이를 수 있다고 믿는다. 이로 인해 강가는 번영과 구원을 안기는 어머니 강가(Mother Ganga)로 불린다. 또 신과 동일시되었다. 인도인들이 강가를 찾는 이유는 "강가의 물이 모든 오염과 악을 씻어내는 강한 정화의 힘을 지닌다."라는 믿음 때문이다. 즉 현세에서의 고통 없는 행복한 삶을 위하여 강가를 찾는 것이다.

거대한 너럭바위 오른쪽에는 강가의 신화 내용처럼 수리야밤샤의 왕 바기라트가 천상으로 올라가 1천 년간 고행하는 조각이 새겨졌다. 그는 조상 6천 명의 영혼을 구원하려고 천상의 강가 여신에게 지상으로 내려오도록 간청하며 고행한다. 이 마애부조를 만들 당시엔 암벽 위에서 물줄기가 부조면의 파인 골짜기로 흘러내렸다고 한다.

바기라트는 오랜 시간의 고행으로 피골이 상접해 갈비뼈가 다 드러날 정도로 앙상한 겨울나무 가지처럼 말랐다. 그의 고행 형태는 두 손은 머리 위로 올려 맞잡고, 오른쪽 다리는 꺾어 세워 왼발의 무릎 부근에 붙인 채 외발로 서 있다. 이 바기라트의 고행상을 두고 "아르주나(Arjuna)가 전쟁에 나가기 전 시바에게 무기 파수파타(Pasupata)를 달라며 기도드리는 고행상"이라고 주장하는 학자가 다수다.

이 암벽 마애부조 가운데 신들의 형상은 전형적인 남인도 양식의 조각이다. 팔과 다리가 가늘며 몸체가 날씬한 율동적인 신체로 묘사된 형상은 북인도에서는 찾아볼 수 없다. 또 신상들을 자세히 살펴보면 그 표정과 자세가 각각 독특하다. 연약하고 부드러운 데다 너무 진지해 장인들의 솜씨에 감탄사가 절로 나온다. 힌두신화를 그린 1백여 개의 조각들이 마치 살아 움직이는 듯 느껴짐은 나그네 혼자만의 생각은 물론 아닐 것이다.

특히 실물 크기의 코끼리 무리 돋을새김은 이 세상의 코끼리 조각상 중 가장 아름답고 뛰어난 걸작으로 평가된다. 10세기 이전 이 세상의 암각 마애 조각으로는 가장 큰 유적임은 물론이다. 나그네는 그 사실적으로 묘사한 조각에 놀람을 금치 못하며 한동안 발길이 얼어붙어 떨어지지 않았다. 금방이라도 코끼리 무리가 바위를 떨치고 뚜벅뚜벅 걸어나올 듯했으니 말이다.

크리슈나 만다파

'갠지스강의 강하'와 '아르주나의 고행'이라고 각각 다른 명칭을 가진 이 암벽 마애부조와 연이어진 석굴이 크리슈나 만다파(Krishna Mandapa)다. 열주가 있는 석굴인 만다파는 앞면에 여덟 개의 기둥을 남기고 바위 안쪽을 쪼아 뚫고 들어가 세운 사원이다.

앞면의 여덟 개 기둥 중 왼쪽 세 번째는 조각을 새기지 않는 유일한 팔

시바 신의 아내인 여전사 두르가에게 공물을 바치는 여인들.

크리슈나가 인드라 신의 노여움으로 큰 비를 내리게 하자 고바르다나 산을 왼손으로 들어 그 속에 목동과 고삐(소치는 여인들), 그리고 가축을 보호하는 장면을 새긴 것이다.

각 민기둥이다. 나머지 일곱 개 석주의 초석은 길고 큰 귀를 쫑긋 세운 무서운 형상의 수호신인 동물좌상을 새겼다. 왼쪽부터 네 개의 주두(柱頭)는 사각석판 위에 날렵한 모습의 돌출된 동물상을 새겨 지붕을 떠받치는 형상이다. 나머지 기둥머리 네 개는 조각을 새기다가 멈춰 미완성인 채로 남겨뒀다. 전면 기둥 안쪽으로 두 줄의 열주가 천장을 받친다. 열주 뒤편과 좌우 3면 암벽에 갖가지 부조가 새겨졌다. 이 3면 조각들은 마모가 심하지 않은 채 잘 보존되었다. 단 몇몇 조각에는 힌두교인들이 기도를 올리면서 어루만져 손때가 반들거릴 뿐이다. 이 만다파 위엔 큰 화강암 돌덩이들이 많이 얹혔다. 나지막한 바위동산이 오랜 세월을 거쳐 일으킨 자연환경의 변화 때문이리라.

이 만다파에 새겨진 부조는 크리슈나가 자란 마을 고쿨라(Gokula)라는 목축사회를 신의 제왕인 인드라의 분노에서 구하기 위해 벌인 장면을 묘사한 것이다. 소의 젖을 짜는 승려, 대여섯 마리 소 무리, 물동이를 들고 어린이 손을 잡은 여인과 사람들, 사람 얼굴을 한 사자 좌상과 나란히 앉아 있는 염소, 크리슈나와 다른 힌두신들 등등 고쿨라의 목축사회를 그렸다.

이들 조각 중 크리슈나가 고쿨라 마을의 목동과 가축을 구하려고 고바르다나(Govardhana)라는 산을 한쪽 팔로 7일 동안 치켜든 모습의 조각이 시선을 끈다. 북인도 지방인 마투라에서 온 목동들이 신의 제왕 인드라에게 예의를 갖추지 않자 화가 난 그가 엄청난 양의 비를 내리게 해 목동과 고삐(소치는 여인들), 그리고 가축들을 위협했다.

또 크리슈나가 목동으로 변해 소의 젖을 짜는 장면도 이채롭다. 힌두교인의 손때가 가장 많이 타 새까맣게 반들거리는 조각은 크리슈나 신상과 여신들의 풍만한 유방, 그리고 어린 아기다. 소젖 짜는 목동 위쪽에 손때가 까맣게 절은 어린아이 조각상은 크리슈나가 태어나 몰래 고쿨라의 소치기 부부에게 보내졌을 때의 모습이다. 크리슈나 이전의 일곱 명의 형들은 외숙인 사악한 왕 칸사에게 모두 죽임을 당했기에 그의 부모가 왕 모르게 피신을 시켰던 것이다.

인드라 신

인도의 가장 오래된 문헌인 『리그베다』 찬가에 나오는 최고의 신이다. 이 찬가의 4분의 1이 그에게 바쳐진다. 인드라(Indra)는 원래 뇌성벽력 신의 성격이 강해 그리스의 제우스 신이나 북구라파의 토르(Thorr)에 비유된다. 인드라는 네 개의 손을 가지고 공교신(工巧神) 투바슈트리가 만든 무기 바쥴라 즉 천둥·번개로 물을 막는 악룡 브리트라를 죽인다. 그의 이 무공은 『리그베다』에서 찬양의 아주 많은 부분을 차지한다. 그러나 인드라는 후대로 가면서 지위가 자꾸 떨어진다. 불교에서도 인드라는 불법수호신의 하나로 제석천(帝釋天)이라 불린다. 그는 다갈색의 거대한 체구로 우주를 제압한다. 폭풍의 신 마르트를 거느릴 정도다. 신주(神酒) 소마로

슬기로움을 기르기도 한다. 천둥·번개를 운반하는 흰 코끼리를 탄다.

기원전 1500년부터 중앙아시아에서 인도를 침범해 원주민을 정복한 아리안의 보호신 인드라는 아리안 전사의 이상형으로 묘사되었다. 인도 신화 「스리마드 바가바탐」에는 크리슈나와 인드라의 대립 관계에 관한 이야기가 나온다.

크리슈나가 고쿨라에서 목동 생활을 할 때 마투라에서 온 목동들에게 "인드라를 숭배하지 말라."고 설득을 하자 화가 난 인드라가 비를 억수같이 퍼붓는다. 그러자 크리슈나는 손가락 끝으로 고르바다나산을 들어올려 그 아래로 불러 모아 비를 피하게 한다. 이런 상황이 7일 동안 이어지자 인드라는 마침내 분노를 풀고 크리슈나에게 경의를 표한다.

인드라는 불교는 물론 자이나교에서도 중요한 신이다.

7

가네샤 수레사원과 바라하 석굴사원

  마말라푸람에는 화강암을 쪼아 만든 세계문화유산이 너무 많다. 암각 마애부조의 걸작 '아르주나의 고행' 뒤쪽은 흩어진 화강암덩이와 그 사이로 제법 너른 잔디밭이 펼쳐진다. 자그마한 공원이다. 이 나지막한 바위산이 바로 고바르단산이다. 잔디밭이 끝나는 부분부터 큰 너럭바위들이 여기저기 모습을 드러낸다. 도로에서 가장 가까운 한 너럭바위 경사면에 집체만 한 둥근 바위가 곧 굴러떨어질 듯 불안한 형태로 멈춰 섰다. 이 바위를 일러 '크리슈나 버터 볼(Krishna Butter Ball)'이라고 부른다. 참 특이한 명칭이다. 그럼에도 이 이름이 붙어진 내력을 들어보면 싱거운 웃음만 번지게 한다. "신 크리슈나는 버터를 즐겨 먹었다고 한다. 그가 먹던 버터덩이가 너무 커 반쯤 남은 게 마치 공처럼 생겨 이런 이름이 붙어졌다."라는 것이다. 정면에서 보면 마치 설악산 흔들바위를 연상케 한다. 그런데 막상 바위 뒤쪽에 올라가서 보면 절반이 잘린 형태다. 이 바위 부근은 염소들의 놀이공간이다. 귀엽게 생긴 염소가 떼를 지어 오르내리며 쉬기도 한다. 바위 사이사이에 작은 숲들이 있으니 먹이도 풍부하다. 그들은 사람을 겁내지 않는다.

  특히 이 바위의 묘한 버팀이 관광객의 호기심을 불러 사진 피사체의 대상이 돼 늘 붐빈다. 관광객이면 누구나 60도 내외의 바위 비탈면에서 희한하게 버티고 있는 버터 볼과 그 그늘에서 쉬는 염소 떼를 배경으로 사진을 찍기 마련이니깐. 현지인들은 이 바위 아래 비탈진 경사면에서 미끄

크리슈나 버터 볼. 흔들바위.

럼타기 놀이를 즐긴다. 이 놀이로 경사면에 반들반들 거리는 길이 생겼다. 19세기 말 영국인이 이 돌이 굴러떨어지는 위험을 막기 위해 쇠줄로 밑바위에다 고정시킨 작업을 했다고 전한다.

이 나지막한 바위동산인 고바르단산엔 여러 개의 만다파와 라타 (Ratha) 사원, 그리고 고푸람 등 석조물이 널렸다. 모두 유네스코 세계문화유산에 등재된 유적들임은 물론이다.

크리슈나 버터 볼과 '아르주나의 고행' 사이에 바위동산으로 오르는 길이 나 있다. 이 길에서 제일 먼저 마주친 유적은 가네샤 수레사원 (Ganesha Ratha Temple). 외따로 떨어진 이 수레사원은 외형상 완성된 석조물이다. 정면에서 보면 두 개의 돌기둥이 세워졌다. 돌기둥 밑부분엔 크리슈나 만다파의 기둥처럼 수호신인 귀가 크고 무서운 얼굴을 한 동물상이 조각돼 있다. 특히 지붕엔 다섯수레사원에서 조각된 채 땅바닥 몸돌에 그대로 붙어 있던 칼라샤가 지붕 꼭대기 부분을 장식한다. 사원 꼭대기에 올려붙여진 칼라샤는 모두 아홉 개다. 이 가네샤 수레사원 또한 한 개의 큰 화강암 바위를 깎아 만든 직사각형 수레 모양의 사원임은 물론이다. 홀 안 3면엔 지혜와 부의 신 가네샤를 비롯한 많은 신상의 부조가 새겨졌다. 가네샤는 코끼리 얼굴을 한 시바 신의 아들이다. 처음엔 시바를 모신 수레사원이었으나 링가가 없어진 후 가네샤 사원으로 바뀌었다고 전한다.

비슈누의 화신 멧돼지

가네샤 수레사원에 이어 바라하 석굴사원(Varaha Cave Temple)으로 간다. 바라하는 산스크리트어로 멧돼지를 뜻한다. 이 멧돼지 바라하는 비슈누 신의 세 번째 화신이다. 그러니 비슈누를 모신 사원이다.

석굴사원 정면은 가네샤 수레사원처럼 수호신을 새긴 돌기둥 두 개가

바위동산에서 처음 만나는 가네샤 수레사원의 뒤쪽.

크리슈나의 화신 멧돼지가 땅의 여신 부-데비를 안고 바다로 빠지는 땅덩이를 건져올리는 장면의 조각상.

지붕을 바치고 있다. 홀 안 정면엔 멧돼지 바라하가 땅의 신인 부-데비 [Bhu-Devi: 비슈누의 비(妃)]를 안고 있는 형상의 조각이 자리했다. 인간 몸체보다 두 배 이상에 달하는 바라하는 어린아이만한 부-데비를 안고 있다. 이 부조는 악마들이 세상을 바다 밑으로 가라앉히려 하자 자그마한 부-데비(일명 부미: Bhumi)의 형태로 표현된 땅덩어리를 바라하의 억세고 긴 송곳니와 엄니로 천천히 끌어올리는 장면을 묘사한 것이다.

이때 멧돼지 바라하와 악마(아수라)인 히라니야크샤(Hiranyksha) 사이에 무시무시한 전투가 벌어진다. 이 전투에서 악마는 죽임을 당해 땅에 묻힌다. 그래서 신들은 비슈누를 최고의 신으로 섬기게 된다.

또 그 옆에는 시바의 비 성스러운 여전사 두르가 여신에게 재물을 바치는 여성들을 조각했다. 두르가 오른쪽 상단엔 그녀가 전쟁에 나설 때 타는 사자상도 새겼다. 다른 면엔 천상의 두 마리 코끼리가 네 명의 하녀가 들고 있는 단지에 코를 담궈 강가(Ganga)의 신성한 물 즉 감로수를 뽑아내어 부와 풍요의 여신이며 비슈누의 비인 락슈미를 목욕시키는 모습의 부조가 눈길을 사로잡는다.

특히 락슈미가 너무 아름다운 여신인지라 그녀의 나신 중 허벅지와 하반신은 힌두교인들이 기도를 올리면서 만져 손때로 반질거린다. 하녀들은 모두 팔등신 미녀상이다. 특히 둔부와 유방을 아름답게 묘사해 시선이 꽂힌다. 바하라 석굴사원에 새겨진 조각 솜씨는 빼어났다. 모든 조각상은 여미(麗靡)하고, 포실하고, 흐벅지며, 율동미가 넘친다.

바하라 석굴사원 안의 여신 락슈미를 목욕시키는 장면을 묘사한 조각상.

여전사 두르가가 사자를 타고 악마를 무찌르는 장면의 조각상. 바하라 석굴사원에 있다.

여신 락슈미

부와 풍요의 여신 락슈미는 인도 신화 초기엔 성장과 풍요의 여신이었다. 후기 서사시 시대인 4세기 이후에 비슈누의 배우자가 되면서 순종적으로 남편을 섬기는 전형적인 힌두 아내의 상징이 된다. 또 비슈누의 역할인 세상을 유지하는 데 힘을 보태는 면이 두드러진다. 락슈미는 비슈누가 이 세상을 유지하기 위해 여러 화신으로 변할 때 그녀도 함께 여러 여신의 모습으로 바뀐다. 비슈누의 일곱 번째 화신인 람(Ram: 일명 라마)의 부인 시타로, 여덟 번째 화신인 크리슈나의 부인 라다로도 각각 화신한다. 락슈미는 부와 풍요의 여신이기에 부자가 된 사람에겐 "락슈미가 그와 함께 있다."고 말하고, 가난하게 된 사람에겐 "락슈미의 버림을 받았다."고 말할 정도다. 락슈미는 힌두교인 모두에게 숭배되는 신이지만 특히 상인 계층이 신앙의 대상으로 삼는다.

그녀는 연꽃 위에 앉아 있는 아름다운 여성으로 형상화된다. 팔이 둘인 경우 양손에 부를 상징하는 연꽃을, 팔이 넷인 경우 아래쪽 손으로는 금화를 쏟아붓는다. 그녀와 함께하는 동물은 비를 상징하는 코끼리다. 사원에서 독자적으로 숭배되진 않지만 비슈누의 배우자로, 또 미소 짓는 표정으로 행복한 쌍을 이룬다. 즉 만족한 결혼생활 남·여 간의 협동과 상호의존 가정의 질서 등을 보여준다. 힌두고전 『푸라나(Purana)』에 나오는 락슈미의 출현 때 묘사는 흥미롭다.

"그녀가 연꽃 위에 앉아 있는데, 너무도 아름답게 보여 모든 이들이 그녀를 찬양하는 노래를 불렀다. 천상의 코끼리는 강가의 물을 쏟아부었고, 우유대양은 소멸하지 않는 꽃으로 만든 화환을 준다. 신의 왕 인드라도 그녀를 찬양하는 브라흐마의 찬가를 불렀다. 락슈미는 브라흐마의 찬가를 자기에게 부르는 자는 저버리지 않을 것을 약속했다."

지금도 번성하길 원하는 사람들은 브라흐마 찬가를 매일같이 부른다.

라마누자 만다파의 전면 모습. 앞쪽 민기둥이 석굴 지붕과 연결됐다.

미완성 고푸람과 만다파

바라하 석굴사원을 둘러보고 언덕을 조금 오르니 이 동산의 한 낮은 바위정상에 이른다. 이곳엔 라야 고푸람(Rayar Gopuram)이 자리했다. 미완성의 고푸람(탑문: 塔門)이다. 고푸람 복판엔 여러 신상을 세로로 조각한 높다란 돌기둥 네 개가 마주 보고 섰다. 이 돌기둥은 바로 미완성의 고푸람 문설주다. 문설주 양쪽엔 높이 쌓아올린 사각형 석조물이 붙었다. 이 석조물 또한 미완성인 채 남겨졌다.

라야 고푸람에서 오른쪽으로 엄청나게 길고 큰 화강암덩이로 찾아가니 라마누자(Ramanuja) 만다파가 나타난다. 긴 바위 끝부분에 판 만다파다. 긴 바윗덩이 중간엔 바위 위로 올라가는 계단을 두 곳이나 만들어 놓았다. 만다파 위쪽 바위 위엔 다듬은 돌로 쌓은 엉성한 석조물이 있고. 이 만다파도 원래는 시바를 모신 석굴이었으나 비슈누 신전으로 바뀌었다. 석굴

입구는 이중구조로 이루어졌다. 바깥문은 민기둥 5개를 세워 위에 직사각형 긴 돌을 얹어 안쪽 지붕과 연결했다. 안쪽은 수호신을 조각한 기둥을 세웠고, 삼면 벽에 여러 조상을 새겼다. 마말라푸람 기념물군 중에서 조각의 격이 낮은 곳으로 느껴졌다.

이어 고바르단산의 가장 높은 바위 정상으로 다가간다. 바위 아래엔 마히샤마르다니 만다파가, 정상엔 올락깐네스바라 사원이 자리했다. 마히샤마르다니 만다파 안의 오른쪽에는 비슈누의 조각, 왼쪽에는 성스러운 여전사 두르가 조각이 새겨져 눈길 사로잡는다. 두 면의 부조 모두 석공의 솜씨가 돋보이는 작품이다.

오른쪽 비슈누 조각은 대양에 똬리를 틀고 있는 아난타 위에 누워 있는 형상을 묘사했다. 이 비슈누의 조각상은 힌두교 신화 푸라나(Purana)에 나타나는 순환적인 시간관에 따르면 창조의 신 브라흐마는 낮에 우주를 창조한다. 낮에 창조된 이 우주는 43억 2천만 년 동안 이어진다. 이 기간이 지나면서 밤이 오면 브라흐마는 잠자리에 든다. 이때 우주는 물에 의해 파괴되고 그의 몸으로 흡수돼 버린다. 그리곤 밤이 되어 휴지기(休止期)가 이어진다. 이때 비슈누는 대양의 뱀 아난타의 똬리 위에서 잠자면서 쉰다. 위의 비슈누 조각상은 이 장면을 묘사한 것이다.

마히샤마르다니 만다파 안 왼쪽 성스러운 여전사 두르가 조각은 악마인 버펄로 마히샤에게 사자를 타고 무서운 공격을 펼치는 장면을 묘사한 것이다. 이 조각에서 여전사인 두르가의 모습이 너무 고운 선으로 작게 처리되어 조금은 낯설지만 아름답기 그지없다. 거기다가 벽의 색깔이 햇살이 들어오는 각도에 따라 변화를 일으켜 보는 이의 탄성을 자아내게 한다.

8
칸치푸람

비슈누와 두르가의 조각상이 새겨진 인상 깊은 마히샤마르다니 만다파를 둘러보곤 바위동산 고바르단산의 최정상에 오른다. 8세기에 지어진 올락깐네스바라 사원(Olakkannesvara Temple)을 둘러보기 위해서다. 이 사원은 등대가 세워지기 전까지는 마말라푸람에서 가장 멋진 전망대 구실을 해왔다. 지금도 이 사원에 오르면 시내를 한눈에 다 조망할 수 있다. 그뿐만 아니라 큰 파도가 출렁대며 해안의 백사장을 덮치는 벵골만 코로만델 해안이 눈앞에 다가와 가슴 확 트이게 만든다. 그렇다. 사방엔 끝없는 지평선과 맞은편 수평선이 장쾌하게 펼쳐졌다. 그래서 "이곳에 천상계와 인간계, 그리고 동물계를 아우른 사원과 석굴을 만들었구나!"하고 다시 탄성을 자아내게 된다.

벌써 오전 9시 30분이 가깝다. 고바르단산에 흩어진 유적을 거의 훑은 시간은 고작 1시간이 조금 넘는다. 이른 시간이라 마말라푸람에서 가장 높은 등대에는 관리인이 나오지 않았다. 문이 잠겨 있어 오르고 싶어도 오를 수 없다. 관리인이 문만 열어뒀으면 아샤 양에게 통사정이라도 해서 정상에 올라 다시 한 번 이 유적지와 지평선과 수평선을 마음에 담았을 텐데 아쉽지만 발길을 돌린다.

칸치푸람 가는 길
3월 13일 오전 10시, 마말라푸람을 떠난다. 자동차로 두 시간 거리에 있

큰 화강암 바윗덩이 위에 세워진 마말라푸람에서 제일 높은 등대.

는 팔라바왕조의 수도 칸치푸람(Kanchipuram)으로 향한다.

　칸치푸람은 내륙지방이다. 첸나이에서 해변 쪽으로 56킬로미터 떨어진 곳이 마말라푸람, 또 첸나이에서 내륙으로 75킬로미터 떨어진 곳이 칸치푸람이다. 이 세 도시는 첸나이를 기점으로 했을 때 직삼각형을 이룬다. 마말라푸람에서 칸치푸람까지는 40여 킬로미터로 직삼각형의 짧은 변에 해당한다. 마말라푸람을 벗어날 때까지 도로변엔 돌조각을 다듬는 공예점과 공장들이 즐비했다. 10여 분 후 내륙으로 들어선다. 고개 숙인 벼가 가득 메운 들판이 펼쳐진다. 이 평야는 황금색으로 바뀌고 있다.

　너른 들판 중간중간에 키 큰 야자수가 서 있다. 바로 경작지 경계수다. 논에선 농부가 대형 트랙터를 몰며 추수를 하기도 한다. 목가적인 농촌 풍경에 눈길을 빼앗긴다.

　마말라푸람 고바르단산의 가장 높은 바위 정상에 세워진 올락깐네스바라 사원에서 본 지평선이 바로 대평원이다. 멀리 야자수 숲 뒤는 벵골만 해안이 펼쳐지고. 넓은 평야지대를 벗어나자 밀림지대가 모습을 드러낸

두 왕조의 도읍지 칸치푸람 중심가. 우뚝 솟은 코푸람
이 멀리서도 보인다.

초가지붕을 한 키 낮은 주택이 남인도의 전형적인 옛 농가 모습이다.

다. 도로변 수로의 풀숲 정리 작업이 한창이다. 주민 수백 명이 합동으로 낫과 손으로 풀을 뽑고 베어낸다. 편도 1차선 아스팔트 도로는 군데군데 땜질했지만 비교적 관리가 잘된 편이다.

오전 11시쯤 칸치푸람 외곽에 닿는다. 1,300여 년 전 그 화려했던 왕도의 모습은 찾을 길 없고 작은 도시로 전락했다. 인구 20만 명에도 미치지 못한다. 그럼에도 대낮이라 도로변은 자동차·오토바이·자전거·리어카와 인파로 넘쳐난다. 하긴 힌두교 7대 성지 중 하나이니 순례자들이 탄 유독 덩치 큰 버스들이 도로에서 폭군 노릇을 해댄다. 시내가 가까워진다. 각양각색의 천으로 햇빛가리개만 한 긴 길거리 난전들은 사람들로 법석댄다. 비포장 시장거리엔 오토바이가 인파를 헤치며 과속으로 달려 먼지가 자욱하다. 소는 시장바닥 주인처럼 멋대로 어슬렁거리고. 그들 삶의 현장이라 잠시 차에서 내려봤으면 하는 마음 간절했으나 시간이 허락하지 않는단다.

중심가 도로는 차선은 없으나 4차선 너비다. 도로 한복판엔 시멘트 구조물로 중앙분리대를 만들었다. 횡단보도 표지선은 없고 중앙분리대만 사람이 건너다닐 수 있을 정도로 떼어놓았다. 번화가는 도로 양쪽으로 펼쳐졌다. 2-5층의 시멘트 건물들이 연이어지고. 건물마다 내건 간판이 눈을 어지럽힌다. 멀리 우뚝 솟은 사원의 탑문 고푸람이 눈에 들어온다. 그 높은 고푸람들을 둔 사원이 이 도시의 중심인 듯 느껴진다. 일행이 탄 자동차는 이 사원의 주차장에 닿는다. 바로 에캄바라나타 사원(Ekambaranathar Mandir)의 남쪽 고푸람 앞이다.

칸치푸람

이곳은 과거 두 왕조의 수도다. 판디아왕조와 팔라바왕조가 모두 왕도로 삼았던 곳이다. 판디아왕조는 기원전 3세기에 마두라이를 중심으로 발

두 왕조의 도읍지인 칸치푸람은 번성했던 과거의 모습을 찾아볼 수 없다.

전했으나 11세기 촐라왕조에 병합된다. 그 후 12세기 말 다시 흥기해 13세기엔 남인도의 패자가 되기도 한다. 이 왕조가 이곳을 왕도로 삼은 시기는 최초로 인도를 통일한 마우리아왕조(BC 317-BC 180)의 3대 왕 아소카(BC 269-232) 집권 때다.

3세기 후반에서 9세기 말까지 힌두문화를 바탕으로 남인도 지방의 패권을 차지한 팔라바왕조는 수도를 한때 마말라푸람으로 이전하기도 했지만 대부분을 이곳 칸치푸람에서 왕조를 지탱했다. 나라심하발만 1세(Narasimhavarman I, 재위 630-668)의 치세 때 최성기를 이루어 데칸고원까지 영토를 확장한다. 이 왕조는 타밀 지방의 칸치푸람과 마말라푸람 등을 중심으로 독자적인 힌두문화를 발전시켰다. 특히 벵골만 해변이란 지리적인 여건을 활용해 힌두문화를 동남아시아로 전파하는 데 공헌하기도 했다.

이 칸치푸람은 옛 중국인들이 '향지국(香至國)'이라 부른 곳이다. 중국 선종의 초조(初祖) 달마대사(達磨大師)가 태어나 대승불교를 닦은 나라다. 그는 향지왕의 셋째 왕자로 반야다라에게 대승불교의 가르침을 받는다. 그 후 중국 남조 양나라의 고조(高祖, 대통원년: 527) 때 갈대를 꺾어 타고 바다를 건너 중국 광저우에 닿는다. 그는 북위(北魏)의 도읍지인 낙양의 동쪽 쑹산(嵩山) 소림사(少林寺)에서 9년간 면벽좌선(面壁坐禪)해 깨달음을 얻는다. 그의 선법은 제자 혜가(慧可)에게 전수돼 중국에 선종을 크게 일으킨다. 7세기 중엽 칸치푸람을 방문했던 당(唐)의 현장법사(玄壯法師, 602-664)는 『대당서역기(大唐西域記)』에 이곳에 관한 다음과 같은 기록을 남겼다.

"달라비다국(達羅毗茶國: 드라비다국)은 사방이 6,000리다. 나라의 왕도는 칸치푸람으로 주위가 30여 리다. … 가람은 1백여 군데고, 승려는 10,000여 명이다. 그들은 상좌부(上座部) 불교의 가르침을 받는다. 힌두 사원은 80여 곳이며, 나체 수행자도 많다. 석가여래가 가끔 이 나라에 유

에캄바라나타 사원의 거창한 남쪽 코푸람 전경.

세설법하면서 제도(濟度)했다. 따라서 아소카 대왕은 여러 곳의 성적(聖跡)에 스투파(탑)를 세웠다."

이 현장법사의 글로 봐 7세기 중엽 이전까지는 칸치푸람을 비롯한 팔라바왕국은 힌두교와 함께 불교가 성행했다는 것을 알 수 있다. 특히 왕도 칸치푸람엔 불교사원이 1백 곳이며, 힌두사원은 80여 곳이라는 점을 봐서도 불교가 힌두교보다 교세가 컸음을 보여준다.

불교 쇠퇴해 모두 힌두교사원으로 바뀌어

팔리어(paali: 석가모니 생전에 사용하던 언어)의 '칸(Kan)'은 황색이고, '치푸람(Chipuram)'은 가사(袈裟: 승려의 옷)라는 뜻이다. 그러니 칸치푸람은 바로 '황색 가사'의 고을이다. 황색 가사를 두른 불교승려(수행자)들이 넘친 도시다. 그 뒤 힌두교의 시바와 비슈누 신을 숭배한 팔라바왕조가 전성기를 이루면서 불교는 점차 쇠퇴해버려 겨우 그 자취만 남긴다.

지금도 이 도시의 힌두사원엔 불교의 흔적이 곳곳에 전한다. 특히 1세기 전후의 것으로 추정되는 불상이 경찰서 정원과 학교 운동장 한쪽에 아직도 남아 있을 정도다. 이젠 이 도시에는 힌두사원뿐이다. 불교사원이 대부분 힌두사원으로 바뀐 것이다. 도시 제일 서쪽과 그 이웃에 에캄바라나타 사원 등이, 동쪽에 데바라자스와미 사원 등의 사원이, 역 부근에 바이쿤타 페루말 사원 등 많은 힌두사원이 현존한다. 일행은 에캄바라나타 사원과 본래의 힌두사원인 카일라사나타 힌두사원 두 곳만 둘러본다.

9

에캄바라나타 사원

칸치푸람의 에캄바라나타 사원(Ekambaranathar Mandir). 이 사원은 칸치푸람에서 제일 규모가 큰 사원이다. 면적만 약 9제곱킬로미터에 달한다. 시바와 그의 비 파르바티를 모신 힌두사원이다. 이 도시에서 가장 높은 58미터에 이르는 고푸람이 솟아 위용을 과시한다. 각 고푸람은 담장으로 구분되어 있다. 모두 다섯 개의 구역으로 나뉜다.

팔라바왕조 초기에 건설된 이 사원은 처음 불교사원으로 건축됐다고 전한다. 그 후 이 왕조 전성기에 힌두사원으로 바뀐다. 그리고 팔라바왕조에 이은 촐라왕조와 비자야나가르왕조(1336-1649)를 거치면서 건물이 덧붙여져 거대한 사원 도시로 만들어졌다. 특히 웅장하기 그지없는 58미터의 이 고푸람은 1509년 비자야나가르왕조 크릿슈나 데바라자왕 재위 때 세워진 것이다. 이 고푸람은 2층 구조다. 1층은 단단한 화강암으로 조각했다. 높이 솟아오른 2층은 벽돌을 쌓아올려 회반죽으로 조각해 마감한 것이다. 따라서 2층의 조각물은 더욱더 화려하고 찬란하다. 탑문 꼭대기(시카라)엔 말발굽 모양의 지붕과 마치 물병 모양을 한 일곱 개의 칼라샤가 하늘을 향한다. 그 왼쪽으론 서쪽의 출입문인 고푸람도 보인다.

천주의 만다파

에캄바라나타 사원의 장대하기 짝이 없는 남쪽 고푸람에서 신발을 맡기고 사원 안으로 들어간다. 햇볕에 단 시멘트 바닥이라 그 위에 마로 짠

천주(千柱)의 만다파 홀 내부.

천을 깔아뒀다. 그래도 나그네의 맨살 발바닥은 화끈거린다. 화끈대는 맨발로 겨우 천을 밟고 앞쪽을 보자 큰 사원의 형태가 대충 잡힌다.

오른쪽에는 시바의 탈것인 난디를 모신 정자가, 왼쪽에는 만다파가 자리했다. 그리고 성소의 탑 지붕이 보인다. 난디를 모신 사각 탑은 베사라 (Vesara: 인도 남방 형식의 탑) 형식이다. 성실(聖室) 위의 탑 상륜부 즉 시카라엔 한 개의 황금색 칼라샤가 얹혔다. 이 또한 베사라 형식임은 물론이다.

고푸람과 성소 사이엔 긴 황금색 원통이 보인다. 원통 상단부에는 가로의 3단 탱화걸개가 멀리서도 보인다. 우리 사원의 당간지주와 흡사한 구실을 한다. 괘불걸이인 셈이다. 난디상을 지나면 북쪽에는 커다란 연못이 있다. 그 옆엔 망고나무가 있다. 이 열매를 시바와 파르바티가 따먹었다는 전설이 전해온다. 네 방향으로 뻗은 가지엔 서로 각각 다른 맛의 열매가 열린다고 한다.

사원 안으로 들어서면 1천 개의 기둥을 둔 홀이 앞을 막는다. 천주(千柱)의 만다파(Mandapa)로 불리기도 한다. 엄청난 규모의 홀엔 빼어난 조각이 새겨진 기둥들이 보는 이의 혼을 빼앗아 버린다. 기둥마다 각각의 독특한 동물좌상이 조각되었다. 이 기둥 모두가 하나의 대리석 돌덩이를 다듬은 것이다. 이들 문양은 바로 인도 여인의 전통의상인 사리(Sari)의 기본 무늬다.

1,008개의 남·여 성기 결합체

이 거대한 홀 안 회랑으로 들어서니 조금 어둡다. 기둥과 기둥 사이로 햇살이 들지만 실내가 잘 보이지 않을 정도다. 차츰 눈이 어둠에 적응되면서 감탄사가 터지기 시작한다. 바닥에는 화려한 꼴람(Kolam: 남인도 지방의 길바닥이나 건물바닥에 그린 그림)이 수를 놓았다. 맨발로 밟기가 민망스럽다.

또 1천 개의 기둥과 주두(柱頭)에는 갖가지 조각들이 새겨져 눈을 휘둥그레하게 만든다. 특히 회랑 양편 벽 쪽에 쭉 연이어진 검은색 석조물들이 깜짝 놀라게 한다. 바로 시바의 상징으로 남근을 표현한 링가(Linga)와 여성 성기의 심벌인 요니(Yoni)의 결합체다. 요니는 시바의 비(妃) 사티

시바를 상징하는 남근상 링가와 사티의 상징인 여성 성기의 심벌 요니의 결합체가 천주의 만다파 기둥 뒤에 진열돼 있다. 개체수는 모두 1008개다.

(Sati)의 상징물이다. 이 요니는 링가의 받침대 구실을 한다. 이 링가와 요니가 하나의 결합된 형태를 이룬 것은 음과 양이 분리될 수 없음은 물론이고, 남·여 교합이야말로 완전무결한 표상임을 알린 것이 아닐까. 회랑 양편 벽 쪽에 나란히 진열된 링가와 요니의 결합체는 모두 1,008개에 달한다.

힌두교인들은 이 링가와 요니의 결합상에 머리를 조아린다. 또 성금과 성물을 바친다. 돌로 다듬은 이 결합체는 힌두교인이 기름을 부어 검은색 쇠붙이처럼 보인다. 또 기둥과 기둥 사이에는 작은 성소(聖所)가 마련됐다. 성소의 쇠창살로 된 문은 보통 땐 닫아둔다. 성소 안을 잘 볼 순 없지만 모두 다양한 모습의 시바 조각상이나 그림 같았다.

회랑 중앙엔 대나무처럼 마디가 있는 황금색 철제 원통이 세워졌다. 당간(幢竿) 구실을 하는 기구로 보인다. 단지 사원 홀 안에 세워 천장 구멍 위로 솟게 했고, 황금색 도금을 했을 뿐이다. 신성한 곳의 경계점이기도 하며, 시바 신의 위엄함을 상징한 번(幡)을 달아두는 장대 역할을 하는 모양이다. 충북 청주시 상당구 남문로에 위치한 용두사지 철당간(국보 제41호)과 마치 모양이 흡사하다.

이 철제 기둥의 머리 부분은 홀 천장 위로 솟아 보이지 않는다. 용머리 모양(龍頭幢)인지, 여의주 모양(如意幢)인지, 사람의 머리 모양(人頭幢)인지 알 수 없어 더욱더 나그네의 궁금증을 자아낸다.

아샤 양은 길잡이일 뿐 유적에 대한 해설가가 아니다. "이렇게 답답할 줄 알았다면 인도인 영어 가이드를 고용해 사원으로 들어올 것을…"이라는 후회스러움이 스친다. 물론 영어 해설을 모두 이해할 순 없지만 꼭 필요한 부분은 아샤 양에게 어설프게 통역이라도 구할 수 있으니깐 말이다.

햇볕이 잘 들어오지 않는 부분의 회랑 천장엔 형광등을 켜놓았다. 천장이 높이가 10여 미터에 가까울 정도로 높다. 형광등은 2미터 정도의 긴 쇠줄을 늘어뜨려 달았지만 그 불빛으론 홀 안을 자세히 볼 수 없다.

금색 철제 원통의 머리는 천장을 뚫고 솟아올라 사원 실
내에서는 보이지 않는다.

시바와 파르바티가 따먹던 망고나무는 죽고…

회랑 사이 제법 너른 공간엔 사각형 성소(聖所)와 그 뒤에 한 그루의 망고나무가 자란다. 성소를 뒤덮고 있는 망고나무의 초록색 잎사귀는 아주 무성하다. 시바와 그의 비 파르바티가 망고를 따먹었다는 그 나무는 오래 전에 죽었다. 이 나무는 새로운 생명체다.

이 나무도 옛 나무처럼 네 개의 가지가 벌어졌다. 각 가지에 열리는 망고마다 맛이 다르다고 하니 신비할 따름이다. 이 나무와 꼭 같은 네 그루의 망고나무가 사원 사방에서 자란다. 이 망고나무가 덮고 있는 성소 지붕엔 3개의 조각이 새겨졌다. 복판의 조각이 바로 사원 입구와 홀 안에 있는 그림을 조각한 것이다. 즉 파르바티가 망고나무 아래서 시바의 상징인 링가(Linga)를 끌어안고 있다. 이 조각과 그림은 사원에 얽힌 전설을 표현한 것이다.

전설의 내용은 다음과 같다.

"시바 신이 메루산(수미산, 須彌山: 고대 인도의 우주관에서 세계의 중심에 있다는 상상의 산)에서 천지 파괴와 관련된 큰일을 하고 있을 때 그의 사랑하는 연인 파르바티가 장난으로 눈을 가려버린다. 하던 일이 틀어지자 시바가 노하여 그녀에게 지상으로 내려가 고행을 할 것을 명한다. 지상으로 내려온 파르바티는 한 그루의 망고나무 아래서 흙으로 시바의 상징인 링가를 만들며 고행에 들어간다. 화가 풀어지지 않은 시바는 그녀의 고행을 방해하면서 뉘우침의 진위를 가리려고 한다. 시바는 강물을 범람시킨다. 그때 파르바티는 링가를 끌어안고 안간힘을 쓴다. 이를 본 시바가 마침내 화를 풀고 그녀와 결혼을 하기에 이른다."

또 오른쪽 조각상은 시바와 파르바티 사이에 난 첫째아들 코끼리 머리상을 가진 가네샤 신이다. 왼쪽 조각상은 파르바티가 시바와 결혼한 후의 행복한 모습을 새겼다. 성소와 망고나무 뒤쪽에는 남인도 양식의 연한 금색 피라미드형 탑이 보인다. 탑 꼭대기 즉 시카라는 돔형이며, 칼라샤가 하늘을 향하고 있다. 파란 하늘에 드리워진 먹구름이 누른 황금색을 입힌 시카라를 연노랑 또는 아이보리색으로 바꿔놓았다.

우주의 댄서 조각상

성실(聖室)에는 힌두교인이 아니면 들어갈 수 없다. 상반신과 불룩한 배를 맨살로 드러내고 허리 아래 하반신만 흰 천으로 가린 힌두 사두들이 입장을 막는다. 멀리서 사진만 찍는다. 역시 성실은 세 칸이다. 복판은 파르바티가 링가를 끌어안고 있는 조각상이, 그리고 오른쪽엔 가네샤 조각상이 보인다. 왼쪽 조각상은 파르바티가 시바와 결혼한 후 안정되고 아름다운 모습을 묘사해 새겼다.

이어 다른 회랑을 돈다. 빛이 들어오지 않아 형광등을 밝혀놓았다. 기둥 사이 한 성소엔 백열등을 켜놓고 그것도 모자라 성물엔 작은 전구들을 삥 둘려 켜 반짝거리게 했다. 황금색으로 치장된 성소 안의 시바와 바깥에 앉은 흰색 난디, 그리고 성소 위쪽 시바의 또 다른 모습인 우주의 댄서 나타라자 조각상도 꼬마전구 불빛을 받아 눈이 부시다.

그 넓은 사원 홀을 대충 도는 데 걸린 시간은 고작 15여 분. 힌두교에 대한 지식이 없으니 아무런 의미 없이 그냥 사원 안을 훑어보는 데 그친 셈이다. 더욱이 힌두교 신자가 아니기에 성실에서 진행되는 푸자 의식조차 관람이 불가하니 더 머무를 이유가 없어진다. 대신 보이는 것마다 나그네의 눈엔 신기한 것들뿐이라 열심히 카메라에 담는다. 그러나 똑딱이 카메라의 한계로 제대로 된 사진도 많이 건지지 못한다.

사원을 돌아나올 땐 어느 고푸람을 거쳤는지도 확실하지 않을 정도로 혼미해진다. 고푸람의 꼭대기에 오른 칼라샤의 모양과 개수가 달라 들어올 때의 남문이 아니라는 것만 얼핏 알았을 정도니. 멀리 남쪽 고푸람이 보인다.

서쪽 고푸람 앞엔 돌기둥만 세운 정사각형의 석조건물이 서 있다. 4면

에캄바라나타 사원 안쪽에 심겨진 망고나무와 성소,
그리고 황금색 성소 지붕과 고푸람이 보인다.

모두 네 개씩의 기둥이 평면의 지붕을 받쳤다. 기둥 사이의 벽면은 빈 공간으로 됐다. 이들 기둥 모두엔 시바의 조각상이 새겨졌다. 그럼에도 이 석조건물은 제대로 관리가 되지 않고 있다. 기둥과 기둥 사이엔 쇠창살로 막아 건물 안쪽의 출입은 막았지만 장사꾼의 짐보따리와 음료수를 파는 상인의 리어카, 그리고 오토릭샤 등등이 건물 외부를 둘러쌌다. 현지인들은 귀중한 문화유산이 자신들을 먹여 살리는 큰 자산이란 생각을 아직까진 하지 못하고 있는 것 같았다.

2중의 석조지붕 위엔 시바와 파르바티, 그리고 가네샤를 모신 성소와 네 귀퉁이엔 시바의 탈것인 난디가 각각 조각되어 있다. 사원 안쪽 신발보관소는 야자수 잎을 덮은 낡은 움막이라 힌두성지인 이 사원의 전체 분위기를 헤쳐 안타까움이 앞섰다.

10
카일라사나타 사원

일행은 에캄바라나타 사원에서 자동차로 5분 내의 거리에 있는 카일라사나타 힌두사원(Kailasanathar Hindu Kovil)을 찾는다. 이 사원은 칸치푸람에서 제일 먼저 지은 힌두사원이다. 8세기 초 나라심하바르만 2세(Narasimhavarman Ⅱ, 재위 700-728)의 집권 시기에 만들어졌다. 석회암으로 건조한 시바 신전이다.

이 시바 신전인 힌두사원은 아소카(BC 269-232)왕 시대에 처음 지었다고 전해진다. 바로 사원의 기둥에 아소카대왕 때 쓰이던 음각한 팔리(Pali)어의 흔적이 남아 이를 증명한다. 따라서 이 사원도 원래는 불교사원이 아니었을까 하고 추측한다. 그러나 시바 신전으로 세워진 뒤 후대에 한 번도 변형되지 않고 원형 그대로 잘 보존되고 있다. 사원 입구 오른쪽에는 시바의 탈것인 난디의 큰 좌상이 자리한다. 이 조각상의 난디는 실물 큰 황소보다 훨씬 더 크다.

신전 출입구는 조그마한 몇 개의 부속신전 안으로 나 있다. 이들 부속신전은 다양한 조각상과 만다파·비마나(Vimana: 인도 사원의 본전 뒤에 솟아 있는 첨탑. 사원에서 가장 신성한 곳이다.)로 구성되었다. 출입문은 시바의 비 사티의 상징인 요니(Yoni: 여성의 성기)를 표현했다. 이들은 전형적인 남인도 드라비다 건축양식임을 보여준다.

아이보리색 작은 고푸람을 거쳐 신전을 둘러싸고 있는 회랑이 이어진다. 수많은 사자 형상의 수호신과 시바 신의 다양한 형상이 새겨졌다. 특

카일라사나타 사원 전경.

히 사냥꾼(Kirata)으로 변신한 시바와 아르주나(Arjuna)상도 보인다. 아르주나가 사촌들과의 전쟁에 나가서 승리하기 위해 시바 신에게 무기를 달라고 기원할 때 시바 신이 사냥꾼으로 변해 다가간 모습을 그린 것이다.

신전 안쪽 사방의 감실에 모셔진 부조는 프레스코(fresco: 새로 석회를 바른 벽에 그것이 마르기 전 수채로 그리는 벽화의 한 화법) 형식의 색상이 희미하게 남아 있다. 당시 천연염료를 이용했기에 1,300년을 훌쩍 뛰어넘었는 데도 흔적이 죄다 지워지지 않은 것이다. 신전 외벽은 곤두세운 링가와 앞발을 들고 바로 선 수호신인 사자상이 줄지어 있다.

시바의 본전은 58개의 작은 신전으로 이루어졌다. 소신전엔 모두 다른 형상을 한 시바 신의 신상이 조각되었다. 사냥꾼 외에도 우주의 댄서 나타라자로 그의 비 파르바티와 함께 춤을 추는 조각상도 보인다.

본전 위엔 남인도 양식의 첨탑 즉 아이보리색의 아름다운 비마나가 이

카일라사나타 사원 입구의 거대한 크기의 난디상.

칸치푸람 최초의 힌두사원인 카일라사나타 사원 내 시바 신전의 감실 부조.

시바 신전 입구. 배가 볼록 튀어나온 사자가 앞발을 들고 서 있다.

높이 솟았다. 이 오래된 시바 신전은 풍우라는 세월에 잘 버텨내지 못하는
사암으로 만든 것이라 상당수 조각이 마모되어 안타까움을 자아낸다. 더
위가 기승을 부리는 한낮이긴 하지만 이 사원을 참배하는 힌두교인은 찾
아볼 수 없다. 일행이 들어갈 때 한 사람의 서양인 관광객이 사원을 빠져
나가다가 서로 눈인사를 나눈 것이 전부다.

벌써 오후 1시가 지났다. 일행은 오전 11시쯤 칸치푸람 외곽에 닿았으
니 두 사원을 둘러본 시간은 고작 2시간에 불과했다. 점심시간이니 칸치
푸람 중심가의 식당을 찾는다.

마침 한 학교 앞을 지난다. 화요일인데도 여중·고생들이 수업을 끝내고
귀가하기 위해 교문으로 쏟아져 나온다. 그녀들의 교복은 전통의상이 아
니다. 하의는 바지를, 상위는 긴 가운을, 넓은 목도리를 양어깨로 넘겼고,
두 갈래로 땋은 머리타래 위에는 색색의 꽃모양을 한 헤어핀을 꽂았다. 또

오후에는 저학년 수업이 있는 모양이다. 여학생들이 몸에 비해 엄청난 크기의 가방을 메고 함께 몰려 학교로 들어간다. 이들의 복장은 같은 드라비다족이 많은 스리랑카 학생들의 백색에 비해 우중충한 모습이라 너무 대조를 이룬다.

오후 2시를 지나 음식점에 닿는다. 그때도 식당 안은 크게 붐빈다. 밀스(meals: 혹은 탈리)라 불리는 전통음식점이다. 밥·야채·카레·요구르트 등 음식을 각각의 그릇에 담은 큰 쟁반과 빵이 담긴 작은 쟁반이 1인용으로 식탁에 오른다. 큰 쟁반에 담긴 음식의 그릇 수만 무려 13개에 이른다. 또 큰 쟁반엔 절인 고추와 종이에 싼 향신료가 없었으니 모두 15가지다. 빵은 쌀가루를 끓는 기름에 튀겨 부풀린 것이다. 아샤 양은 이 음식을 받더니 바로 큰 쟁반에 모든 것을 함께 넣어 비빈다. 그리곤 손가락으로 주물러 뭉쳐 맛있게 먹는다. 나그네는 비위가 약한 편이다. 냄새가 강한 향신료에 대한 거부반응도 있다. 빵과 밥만 입에 대며 머뭇거리자 다른 빵을

밀스(meals: 혹은 탈리)라 불리는 전통음식.

별도로 시켜준다. 새로 나온 빵은 쌀가루에 야채를 썰어 넣어 구운 것이다. 그 빵으로 배를 채운다.

이 밀스란 인도 전통음식은 그 후 일정에도 자주 접한다. 쟁반이나 그릇에 담지 않고 바나나 잎사귀에다 갖가지 음식을 갖가지 조금씩 그대로 담아주었다. 나그네 또한 몇 번 접하다 보니 그 맛의 진수를 조금씩 느낄 수 있었고, 그러면서 그다지 싫어하지 않게 된다.

점식식사 후 일행은 이 도시의 재래시장을 둘러본다. 가건물로 이어진 시장 안과 시장 거리의 난전 등이 한데 어울렸다. 시장 안의 점포는 대부분 채소와 과일전이다. 과일가게 중 바나나 점포엔 바나나 외에도 전통음식 밀스를 담아낼 손질한 바나나 잎사귀만을 따로 팔았다.

시장 어귀 길거리엔 긴 난전이 이어졌다. 신에게 바칠 꽃을 파는 난전에다 향신료를 파는 난전, 그리고 구두수선 난전도 함께 자리했다. 나그네가 중학생 때인 1950년대 중반의 시골 5일장을 떠올리게 해준다. 이곳 역시 시장은 한낮인데도 생기가 돈다. 그곳 삶이 응축된 곳이기에 어느 지방에서든 나그네는 가이드에게 시장을 둘러볼 것을 주문한다.

칸치푸람에서의 일정은 오후 3시 10분에 끝났다. 곧바로 첸나이 중앙역으로 이동해야 한다. 약 70킬로미터 거리지만 예상시간을 무려 2시간 30분이나 잡는다. 그런데도 첸나이 외곽에서부터 저녁 러시아워에 겹쳐 1시간 이상이 더 걸렸다.

칸치푸람과 가락국과의 관계

칸치푸람은 힌두교 7대 성지의 한 곳이다. 남인도 지방을 지배했던 판디아왕조(Pandya Dynasty, BC 3세기-16세기 초)와 팔라바왕조(3세기 후반-9세기 말)가 모두 긴 세월 동안 왕도로 삼았다. 그래서 '천 개의 사원이 있는 황금도시(The Gold City of 1,000 Temples)'라고 불리기도 한다. 팔라바왕조 전성기엔 많은 힌두교와 불교사원이 들어찼으리라는 추측이 가능한 곳이다. 예부터 견직물의 명산지다. 이곳은 인도 여성의 전통의상인 비단 사리(Sari)를 파는 가게가 많다. 외지에서 온 힌두교인들은 에캄바라나타 사원 등 많은 힌두사원 순례를 마치곤 이곳에서 사리를 장만하는 게 통상적인 관례다. 따라서 비단가게는 늘 붐빈다. 지금은 인구 20여만 명에 불과한 작은 도시지만 옛 왕도의 백성이라는 주민들의 자긍심은 아주 높다. 또한 교육열도 대단한 곳이다.

칸치푸람은 가야국(伽倻國)과 얽힌 사연이『삼국유사(三國遺事)』등에 전하기도 해 우리와도 인연이 있는 곳이다.『삼국유사』의「가락국기(駕洛國記)」설화의 골자는 다음과 같다.

"AD 48년 아유타국(阿踰陀國: 아요디야) 공주 허황옥(許黃玉)이 수행원과 함께 붉은 돛을 단 큰 배를 타고 2만 5천 리 긴 항해 끝에 남해 별포 나루터에 닿는다. 16세의 이 공주는 가락국 김수로왕의 배필이 된다. 수로왕과 허왕후는 140년을 해로하며 열 명의 왕자와 두 명의 공주를 두어 나라를 번성시킨다. 둘째와 셋째 왕자에겐 왕후의 성(姓)을 주어 이들이 김해 허씨(金海許氏)의 시조가 된다."

가야국 허왕후의 정체에 관한 논란은 아직도 이어지고 있다. 그녀가 외국인이라는 사실엔 이의가 없다. 단지 "2천여 년 전 그 시절에 남인도 지방에서 어떻게 우리 남해안까지 항해해 올 수 있었을까?"에 대한 의문은 풀리지 않고 있다. 또한 허왕후 후손인 김해 허씨 중에서 고려 현종 때 허겸(許謙)이 인천 이씨의 시조가 된다. 따라서 김해 김씨·김해 허씨·인천 이씨 등 세 가문은 아직도 가락종친회를 중심으로 얽힌 혈연을 중시하며 서로 혼인을 하지 않는다.

중국의『한서지리지(漢書地理志)』[전한(前漢, BC 202-AD 8) 왕조 1대 (고조 유방: 高祖 劉邦)의 역사를 기록한 한서 중의 한 편]에는 칸치푸람을 다음과 같이 기술했다.

"중국은 일찍이 남양 여러 곳과 해상무역을 해왔다. 그 시점은 진시황이 중국을 통일한 기원전 3세기 때부터다. 중국은 기원 전후엔 지금의 부남(扶南: 베트남)에서 인도 동남단의 황지(黃支: 칸치푸람)까지 해로가 개척되어 11개월이면 배로 갔다가 돌아올 수 있었다."

아직 고증되지 않았지만 『한서지리지』를 봤을 때 기원 전후 중국에서 개척한 뱃길은 인도 동남단 지방뿐만 아니라 한반도 남해안까지 이어질 수도 있다는 추정은 가능하지 않을까.

한편 부산광역시는 허왕후 신행길이라는 전설과 역사가 깃든 길을 테마로 해 부산지방 관광자원으로 크게 부각시키고 있다. 허왕후 신행길은 『삼국유사』에 전해지는 아유타국 허황옥 공주가 남해에 닿은 별포(지금의 경남 진해 망산도) → 김해 녹산(지금의 부산시 강서구) → 김해 장유 → 김해평야 → 김해 봉황대로 이어지는 길이다. 부산시의 이 같은 테마로드를 관광상품으로 개발, 블로그 등에 선전하자 김해시가 발끈하고 나섰다. 김해시는 허왕후 신행길에 대한 특허등록을 하겠다고 맞섰다. 두 지방자치단체 사이의 줄다리기도 흥미를 끄는 부분이다.

특히 아샤 양의 얘기에 따르면 타밀어가 우리말과 같은 단어가 많다고 했다. 예를 들어 엄마를 '엄마'로 아버지를 '아버치'로 아빠는 '아빠'로 나는 '난'으로 너는 '니' 풀은 '풀'로 강(江)은 '강가' 등등으로 말이다.

그녀는 우리 언어학자 강길운 저(著)『고대사의 비교언어학적 연구』란 책에 이 같은 내용이 소개되어 있다고 말해줬다. 이 책은 "고대 가야국에서 사용한 언어의 상당 부분은 드라비다어이며, 이 언어들 중 아직도 남아 있는 말이 많다."고 했다. 특히 이 책에선 드라비다어 1천3백여 자가 아직도 우리말에 남아 있다는 것이다.

11

첸나이 → 마두라이

칸치푸람을 떠나 첸나이 중앙역에 닿은 시간은 오후 6시가 지나서였다. 450킬로미터 떨어진 내륙지방 마두라이(Madurai)까진 야간열차를 타야 한다. 일행이 탈 열차시간은 밤 9시 15분이다. 역 부근 식당에서 저녁 먹고 밤 8시 중앙역 대합실로 향한다. 대합실은 초만원이다.

'인도소풍'의 가이드 아샤 양은 일행을 한곳에 모아놓곤 바삐 움직인다. 몇 번이나 매표소 창구를 들락거리더니 "역 관계자가 열차가 언제 올지 모른다고 말했습니다."라면서 "아직은 몇 시간 연발이 될지도 알 수 없는 캄캄한 형편이랍니다."라고 알린다. 첸나이 중앙역 구내에 내걸린 열차운 행 시간표를 보면 밤 9시 15분에 열차를 타 다음날인 3월 14일 오전 6시 15분 마두라이에 도착한다고 돼 있다. 시간표에 따르면 9시간 야간열차 를 타야 했다. 그러나 연발될 시간을 출발시간이 지났음에도 알 수 없으니 정말 답답한 노릇이다. 아샤 양도 몸이 달아 잠시도 일행과 같이 기다리지 않고 이곳저곳의 철도관계자를 찾아다니면서 사정을 알아본다.

시간은 점점 흘러 밤 10시를 넘긴다. 우리가 탈 열차는 뭄바이에서 출발한다. 1,333킬로미터 떨어진 첸나이까지 통상 24시간 만에 겨우 닿는다. 정상대로 운행해도 꼬박 하루가 걸린다. 승객을 싣고 내리는 중간역이 많다. 이 중간역에서 몇 분씩만 출발이 지연되면 첸나이에는 서너 시간 연착하기가 일쑤란다. 아샤 양은 새로운 정보를 얻으면 즉시 달려와 일행에게 알려준다. 열차 도착시간이 처음엔 밤 11시 40분이라고 전한다. 밤 11

시가 지나면 다시 와서 "새벽 1시를 넘길 것 같습니다."고 알린다. 다시 알아본 시간은 새벽 1시 30분, 그리고 새벽 2시, 이렇게 자꾸 늦어진다.

이런 상황이니 비좁게 차지한 의자에서 눈을 붙일 수도 없다. 그 사이 정 사장님도 아샤 양과 함께 바쁘게 움직이기에 이른다. 때론 정 사장님이 일행에게 쫓아와 상황을 설명해주기도 하는 웃지 못할 일이 벌어지기도 한다. 정 사장님은 밤 11시가 지나면서 신문지에 둘둘 싼 물건을 가져와 나그네에게 맡기고는 다시 바삐 대합실을 빠져나간다. 20여 분이 지나자 또 신문지로 싼 물건을 내민다. 그러면서 귀에 대고 "맥줍니다."라고 살짝 귀띔해준다. 언제 기차를 탈 수 있을지 모르는 형편이니 맥 놓고 앉아 기다릴 수만 없다고 판단한 것이리라.

술 구하기가 쉬운 곳이 아니니깐 아샤 양과 함께 공동작전(?)을 펼쳤음이 분명하다. 역구내에는 승객의 짐을 나르는 짐꾼들이 많다. 물론 그 짐꾼들은 철도당국의 인가를 받은 사람들이다. 그중 한 사람을 꾀여 "술을 사오면 웃돈을 주겠다."라고 약속해 겨우 구할 수 있었다는 것이다. "절간에 가서도 눈치가 있어야 백하 젓국 얻어먹는다."는 속담이 있지 않은가.

정 사장님은 대합실에서 함께 기다리는 대기승객들이 대부분 조는 틈을 타 구석자리로 나그네를 이끈다. "최 선생님! 언제 갈지 모르겠습니다. 절음(竊飮: 술을 몰래 마심)이지만 한잔합시다."라면서 신문지에 싸인 술병마개를 딴다. 코펠 잔에 가득 따른 맥주를 먼저 나그네에게 건넨다. 원샷으로 마신 뒤 바로 정 사장님에게 잔을 건넨다. 그 역시 원샷이다. 나그네가 거푸 잔을 채워준다. 마파람에 게 눈 감추듯 두 늙은이가 얼른 두 병을 비워버린다. 몰래 먹는 음식이 더 맛있다고 했던가. 목도 마르고 출출한 터라 생기가 확 돈다. "이젠 열차가 오든 말든 상관할 바 아니다."라고 느긋해질 때쯤 아샤 양이 나타난다. "곧 열차가 도착한답니다. 짐 챙겨 나오세요."라고 재촉한다.

시간은 어느덧 새벽 1시 30분을 지났다. 몇 번 흠인지도 모르지만 아샤 양을 따라나선다. 탈 열차가 멈출 플랫폼에 일행을 집합시켜놓은 그녀는

"조금만 기다리세요."라면서 또 사라진다. 일행이 탈 객차가 플랫폼 어디쯤에 닿을지를 알아보러 역무원을 찾아나선 것이다. 타야 할 호수의 객차가 닿을 위치에 짐을 두고 대기해야 한다. 나그네는 반팔에 반바지, 그리고 슬리퍼 차림이다. 온도가 해안보다 높은 내륙 쪽으로 가는 길이라 저녁 먹은 식당에서 잽싸게 옷을 갈아입었다. 그게 화근이 될 줄이야. 열차는 좀처럼 오지 않는다. 서서 서성대는데, 발등과 종아리 부분이 자꾸 근지러워진다. 모기가 달려든다는 걸 뒤늦게 알아챈다.

나그네는 모기 습격을 견뎌내지 못하는 체질이다. 가방 위에 쪼그리고 앉아 방어전을 편다. 그러나 막아낼 수가 없다. 이 광경을 보고 웃음을 참지 못하던 일행 한 분이 분무식 모기약을 건네준다. 발등과 종아리, 그리고 팔뚝까지 약을 뿌린다. 약사인 그분은 상비약을 고루 준비했었다. 물린 자리가 근지러울 뿐 새로운 공격을 받지 않아 그만해도 견딜 만해진다.

새벽 2시가 지나가는데도 열차는 모습을 드러내지 않는다. 몹시 지친 상태에서 5분이란 굉장히 지루한 시간이다.

멀리서 기적을 울리며 드디어 불을 켠 기관차가 서서히 플랫폼으로 들어선다. 순간 난리가 벌어진다. 일행이 탈 침대 객차는 맨뒤쪽에 붙었다. 각자 무거운 짐을 들고 타야 할 객차를 향해 약 50여 미터를 돌진한다. 내리고 타는 승객과 화물을 실은 리어카가 뒤엉켜 마음만 급할 뿐 발걸음을 제대로 떼놓을 수 없다. 객차에 짐을 싣고 나니 온몸이 땀범벅이 돼버린다. 그래도 열차에 올랐으니 다행이지 않은가.

5시간 연발 끝에 드디어 출발

침대칸에 올랐으나 좌석번호를 찾아야 한다. 티켓에 적힌 좌석번호가 있어도 그 자리를 차지할 순 없다. 열차가 출발한 후 이 객차 승무원이 티켓과 대조해 다시 좌석을 배정해준다. 그러니 짐만 한쪽에 몰아두고 엉거주춤한 상태로 대기할 수밖에. 그동안 흐르는 땀을 닦으면서 몸을 식힌다. 침실번호를 새로 배정받곤 그때서야 짐가방 등 큰 물건은 의자 밑으로 넣어야 한다. 손가방 등 소지품은 물론 누울 침대 구석에 간직해야 하지만. 깔고 덮을 모포와 이불을 펴는 작업도 승객 몫임은 물론이다. 이렇게 취침 준비를 끝내놓고 보니 새벽 3시다.

열차가 꼭 다섯 시간 연발됐지만 인도 사람들은 누구도 불평이나 불만을 애기하는 이는 없다. 으레 그러려니 하는 반응이다. 그들은 그런 환경에 길들여졌기에 느긋함을 넘어 도가 트인 모습들이다. 열차가 정시에 운행되었더라면 벌써 깊은 잠에 곯아떨어질 시간이 아닌가.

3층 침대는 마주 보고 있다. 맨 아래 칸은 6명이 마주 보고 앉아 대화를 나누는 공간이다. 1층 침대는 나그네가, 2층은 정 사장님의 잠자리다. 3층엔 현지인이 앞 역에서 올라 이미 깊은 잠에 빠진 상태다. 중앙통로 왼쪽은 침대가 세로로 놓였다. 왼쪽은 침대도 상·하 두 층뿐이다. 에어컨이 설치된 객차지만 천장엔 360도 회전식 선풍기가 달렸다. 에어컨이 제대로 작동이 안 돼 부득이 선풍기를 켠다. 선풍기가 혼탁한 실내공기를 흔들어

첸나이 → 마두라이행 침대객차의 내부.

철로변 어느 소도읍의 아침 풍경.

놓는 바람에 숨 쉬기가 너무 불편하다. 마스크를 꺼내 쓴다. 창밖은 칠흑
같이 어둡다. 그리곤 열차 바퀴와 레일이 닿으며 내는 덜컹대는 소음을 자
장가 삼아 잠을 청해본다. 이렇게 불편한 잠자리에서도 곤한 김에 곧 꿈속
으로 빠져들고 만다.

눈을 번쩍 뜨니 햇살이 밝게 퍼진 아침이다. 3월 14일 오전 7시 30분, 여
정 나흘째다. 겨우 4시간 정도 잤지만 기분은 아주 상쾌하다. 열차는 덜커
덩거리면서 쉼 없이 달린다. 침대 층간의 높이가 낮아 일어나 앉을 수도
없다. 차창 쪽으로 머리를 뒀다. 엎드려 머리만 치켜들면 바깥이 보인다.
차창을 통해 풍경사진을 잡는다.

열차가 지나가는 지역은 반도반농(半都半農)지역이다. 볏짚 더미와 소,
그리고 이엉을 얹은 찌그러진 볏집과 함석지붕을 얹은 건물, 시멘트 건물
등이 한데 어우러졌다. 철로에서 안쪽으로 들어갈수록 시멘트 건축물들

이 주를 이룬 작은 도시다. 학교인 듯 4층 시멘트 건물이 우뚝하다. 푸른 잎사귀가 축축 처진 키 큰 야자수가 담장 구실을 한다. 이곳에 열차가 정차해 승객을 내리고 태운다. 인도의 철도기관차는 객차나 화물칸을 많이 연결해 운행하기 때문에 아주 길다. 보통 40여 칸 이상을 연결한다. 그러니 작은 역엔 열차 앞쪽과 뒤쪽이 플랫폼을 벗어나기 일쑤다. 이 경우 기관차 앞뒤 쪽 상당량 객차의 승·하차할 사람들은 내리고 오를 때 애를 먹기 일쑤다. 이 역도 마찬가지다. 그러니 역명을 알 수도 없다. 기차는 2-3분 정차 후 다시 출발한다.

철도변엔 짚이나 새로 엮은 이엉을 얹은 낮은 집들이 이어진다. 지붕의 경사도가 큰 걸 보면 강수량이 많은 지역인 것 같다. 어떤 낮은 집은 이엉 위에 헝겊이나 천을 덮어 줄로 묶기도 했다. 이런 전통양식의 집은 성인이 몸을 낮추지 않으면 집 안으로 들어갈 수 없을 만큼 문 높이가 낮다.

이 도시를 벗어나자 너른 초록색 들판이 펼쳐진다. 한쪽엔 어린 벼가 자라고, 또 다른 곳엔 이삭 패기 직전으로 몸통이 불룩하다. 들판을 질러가자 또 한쪽 논엔 벼가 고개를 숙이고 누렇게 익어가는 모습도 눈에 들어온다. 나그네는 말만 들은 삼모작 지역은 처음으로 보게 된다. 또한 풍요로운 곳이라는 걸 직감케 한다.

빌루푸람

1시간 가까이 들판을 가로지르더니 철도 전철복선화 공사가 한창 벌어진다. 길가에 전신주가 세워지고, 시멘트 침목 더미가 띄엄띄엄 쌓였다. 일부 구간엔 대형 포클레인이 침목만 깐 빈 공간에 자갈을 메워 넣기도 한다. 이런 공사가 곳곳에서 벌어지고 있으니 연발·착 현상은 어쩔 수 없다는 걸 새삼 깨닫는다.

오전 8시 20분쯤 빌루푸람(Villupuram)역에 닿는다. 이 역은 교통의 요지다. 남북으로 첸나이 ↔ 마두라이, 동서로 벵갈만의 퐁디셰리 ↔ 벵갈루루의 철도와 도로가 교차하는 곳이다. 빌루푸람이란 도시 역시 반도·반

남인도의 갠지스라 불리는 코베리 강변에 세워진 티루치라팔리역 플랫폼.

농지역이다. 그럼에도 철도변엔 현대식 고층건물이 들어섰고, 역구내도 말끔하게 단장돼 있다. 이 역에선 승·하차 승객이 많은지 정차시간이 길다. 열차에서 내려본다. 플랫폼엔 간단한 식음료를 파는 리어카가 자리했다. 주변에 많은 사람이 몰려 꼬치요리와 음료수를 사 먹는다. 철도 노선이 많아 역구내에는 플랫폼만 다섯 곳이다. 역사 위쪽엔 각 플랫폼을 연결해주는 구름다리가 엄청 길게 뻗었다. 이 도시 외곽은 야자수와 열대림이 흩어진 얕은 구릉지가 이어진다. 이어 넓은 평야지대가 나타난다. 구릉지엔 벽돌공장의 높은 굴뚝이 보이기도 한다. 또 1시간가량 달린다. 브리다하차람(Vriddhachalam)역에 닿는다. 철도변 풍광은 별로 달라진 게 없다. 얕은 구릉지·숲·평야가 이어지길 반복한다. 오전 10시 15분쯤 실라쿠디(Sillakkudi)을 지나고, 1시간 20분 후엔 티루치라팔리(Tiruchirappalli)에 도착한다.

12
마두라이 간디기념관

티루치라팔리(Tiruchirappalli). 타밀나두주 중앙에 위치한 큰 도시다. 이 주에서 4번째 도시로 코베리강 기슭에 자리잡았다. 흔히 티루치(Tiruchi), 트리치(Trichy)라고도 불린다. 철도 및 육로가 사방팔달로 연결된 교통의 요지다. 물론 공항도 있다. 사원·성당·모스크 등 오래된 유적이 많기도 한 곳이다. 성당과 교회는 프랑스·영국 등 서구열강이 17세기에 이곳을 침략해 세운 유물들이다. 또 모스크는 한때 남인도 지방에 세력을 펼친 북인도의 이슬람제국이 세웠다.

이곳 코베리강 중간에 있는 섬 스리랑감에는 비슈누 신에게 바쳐진 세계 최대의 힌두사원 스리 랑가나타스와미 사원(Sri Ranganathaswamy Temple)이 있다. 또 시바 신의 5대 거처지의 하나인 티루아나이카(ThiruAnaikka)도 있어 힌두교인의 주요 성지의 한 곳이다. 연중 순례객이 이어져 북적인다.

따라서 힌두 유적이 많은 코베리강을 인도 남부의 갠지스강이라고 부른다. 그럼에도 일행은 티루치라팔리를 들리지 못한다. 애당초 일정에 빠져 있어 이곳을 들릴 경우 전체 일정에 차질이 빚어지니 어쩔 수 없이 지나친다.

스리 랑가나타스와미 사원
세계 최대 힌두사원 스리 랑가나타스와미 사원은 남·북 길이 878미터,

동·서 755미터, 둘레가 근 4킬로미터에 이른 넓은 구역을 차지했다. 7각형으로 이뤄진 이 사원은 모두 21개의 탑문 고푸람이 있다. 가장 높은 탑문은 남쪽 정문으로 무려 높이가 73미터에 이르는 장대한 건축물이다. 이 사원은 11세기 건축이 시작돼 여러 왕조를 거쳐 17세기에 완성돼 지금의 형태를 갖췄다. 즉 체라·판디아·촐라·호이살라·비자야나가르 등의 왕조를 거쳐 나야크왕조 때에 완성되었다. 지금 남은 건물의 대부분은 나야크왕조 때 건축된 것들이다.

1천 개의 기둥으로 이루어져 천주실(天柱室)이라 불리는 크나큰 홀의 화강암 열주(列柱) 조각은 빼어났다. 앞발을 치켜들고 뛰어오르는 용감무쌍한 말의 조각은 보는 이의 혼을 뺏기에 부족함이 없다. 코끼리·표범 등 사나운 동물들이 이 말의 발굽 아래엔 짓밟혀 있다. 또 21개의 고푸람 즉 탑문엔 각각 1천 개 이상의 조각이 새겨졌다. 특히 일곱 구역의 중심에는 황금사원이 들어섰다. 순금 80킬로그램으로 지붕을 도금했으니 당시 이 사원을 건축했던 왕조의 재정이 얼마나 대단했는지를 보여준다.

티루치 → 딘디굴 → 코다이카날 → 마두라이

티루치라팔리에서 목적지 마두라이까지는 128킬로미터. 열차는 1시간 15분을 더 달려 딘디굴(Dindigul)이란 도시에 닿는다. 딘디굴. 이 도시는 역사적으로 중요한 전략적 요충지다. 무두질이 성행해 타밀나두주 가죽공급량의 30퍼센트를 생산하고, 담배재배지로 담배교역의 중심지이기도 하다. 또 직물공장과 자물쇠 제조공장도 많은 곳이다. 교육의 중심지로 PSNA공대 등 여러 개의 대학도 있다. 힌두교 성지의 하나로 도심과 근교에 사원이 흩어졌다. 특히 2백여 년 전에 지어진 스리 코타이 마리암만 사원(Sri Kottai Mariamman Temple)은 힌두교인들의 발길이 끊이지 않는 곳이다.

딘디굴은 드라비다어로 민둥산을 뜻한다. 철로 주변엔 나무가 들어선 산맥이 이어졌고, 야자수 숲과 포도밭 그리고 담배밭이 펼쳐졌다. 열차는 딘디굴을 출발해 30분 만인 오후 1시 25분에 마지막 기착지인 코다이카날(Kodaikkanal)역에 닿는다. 그리곤 바나나나무가 심긴 넓은 밭 등을 지나 목적지 마두라이 근교에 이른다.

마두라이 시가를 가로지르는 바이가이강 강변이 드디어 눈에 들어온다. 이웃 주(州)인 케랄라의 페리야르댐 때문에 물이 자주 마르는 이 강엔 그래도 좁다란 푸른 물줄기가 보인다. 강가에선 작은 물줄기를 이용해 빨래질이 한창이다. 빨아 말리는 옷가지와 천들이 강변바닥에 늘어놓았다. 마두라이 기차역엔 오후 2시 15분에 닿는다.

첸나이 ↔ 마두라이 철도구간은 450킬로미터. 밤을 꼬박 새우며 12시간 15분 열차를 탔다. 우리나라 같으면 웬만한 역마다 다 정차하는 무궁화를 타고도 6시간이면 충분할 텐데 말이다. 애당초 스케줄은 아침 6시 15분에 마두라이 도착이다. 8시간이 늦어지고 말았다. 따라서 마두라이에서의 일정을 단축할 수밖에.

마두라이 기차역사는 깔끔한 현대식 건물에다 남인도 사원건축 양식이 가미돼 너무 멋지다. 2층 건물 지붕 위엔 이곳 사원의 탑문인 작은 고푸람을 세웠다. 타밀나두주 제2의 도시다운 면모를 보여준 건물이다. 새벽이라 청소도 깨끗하게 마쳤기에 더 돋보인다. 기차역사뿐만 아니다. 역사 주변은 물론 주요거리도 말끔하다. 건물들도 아주 깨끗한 외형을 보여준다. 시멘트 건물들은 산뜻하게 페인트칠로 단장했다. 또 오래된 기와지붕의 옛 건물들도 보수공사로 지저분함이 느껴지지 않는다. 이러한 이 도시의 분위기가 밤새 제대로 수면을 취하지 못해 피곤함을 깨끗이 씻어주는 데 한몫했음은 물론이다.

일행은 이날 묵을 호텔부터 먼저 찾는다. 도심에 자리한 호텔에 체크인 후 샤워부터 한다. 그리곤 바로 일정에 들어간다. 열차 연착으로 늦어진 시간 때문에 마두라이에선 안타깝게도 마두라이 간디기념관과 스리 미낙시 사원 등 두 곳밖에 들릴 수 없다.

마두라이 간디기념관

　일행은 바이가이강 다리를 건넌다. 간디기념관을 찾아가는 길이다. 바이가이강은 열차를 타고 오면서 본 것과는 다른 풍경이다. 강물 줄기 위엔 물이끼들이 잔뜩 끼었고. 물이 흐르지 않은 강바닥은 풀이 무성하게 자라 초록색을 자랑한다. 간디기념관까지는 자동차로 채 20분도 걸리지 않는다. 산뜻한 백색 건물인 중앙의 본관은 2층이며, 좌우에 뻗은 건물은 교육시설이다. 이 건물은 1670년 건축한 나야크왕국 궁전 중 한 동이다. 영국이 지배했던 시절엔 동인도회사의 사옥으로, 인도가 독립한 후 타밀나두 주가 관리하다가 1955년 간디기념관으로 개조해 간디기념사업회에 기증했다.

　이 마두라이 간디기념관(Madurai Gandhi Memorial Museum)은 1959년에 개관된다. 인도의 국부로 추앙받는 마하트마 간디(Mahatma Gandhi,

마두라이 간디기념관 전경. 백색 건물이 퍽 인상적이다. 현관 앞에 간디 동상이 보인다.

1869-1948)가 생전에 마두라이와 깊은 인연으로 이곳에 박물관이 세워진 것이다. 그는 1914년 45세 때 남아프리카공화국에서 영구 귀국한 뒤 비폭력 독립운동을 펴던 1921년 처음으로 마두라이를 방문한다. 이때 이곳의 빈민들이 옷이 없어 천 조각으로 신체의 주요부분만 가린 것을 보곤 정장을 입은 자신이 너무나 부끄럽게 여겨졌다. 그리곤 "나도 도티(dhoti: 인도 남자가 옷 대신 몸에 두르는 천)만 입겠다."고 선언한다. 특히 그는 죽기 이태 전인 1946년 마두라이를 또 방문한다. 그는 이곳 힌두성지 미낙시 순다레슈바라 사원(일명 스리 미낙시 사원)에 불가촉천민 즉 하리잔(Halijan: 인도 최하층 신분)과 함께 입장한다. 그 전까지 입장이 금지되었던 인도의 최하층 계급 하리잔의 힌두성지 입장이 처음으로 열리게 한 계기를 만든 것이다.

이처럼 간디와 마두라이는 깊은 인연이 쌓인 곳이다. 간디가 1948년 1월 30일 힌두교 광신자 고두세에게 피살된 후 화장한 재를 그의 자취가 많이 남아 있는 갠지스·델리·뭄바이·캘커타 등 일곱 곳에 나누어 뿌린다. 그리고 그의 기념관이나 박물관을 만든다. 그중 한 곳이 바로 마두라이다. 인도 내 다른 도시의 기념관이나 박물관이 그의 생애와 죽음에 초점이 맞추어졌는 데 비해 마두라이 간디기념관은 간디의 투쟁이 2백여 년간 이어진 인도독립운동사에 어떤 영향을 미쳤는지를 집중 조명해놓았다.

이 기념관은 30여 개의 섹션과 260여 개의 전시물 등으로 나뉘어졌다. 즉 인도가 서구 열강들의 침략을 받고 끝내 영국의 식민지가 되는 과정 식민치하에서 인도 국민들이 탄압받고 수탈을 당한 상황 2백여 년간 끈질기게 이어진 독립투쟁의 과정 등을 사진을 곁들여 설명하는 공간을 만들었다. 악랄한 일본제국의 피지배 민족인 우리의 독립운동사와 비교가 된 감명 깊은 박물관이다. 인도에도 대한제국의 안중근 의사나 윤봉길 의사, 또 유관순 열사처럼 목숨 던져 독립운동을 한 의사들이 있었음을 이 기념관을 통해 알 수 있게 해줬다. 어쩌면 인도는 긴 기간 동안 우리 한민족보다 더 탄압받고 더 심한 수탈을 당하면서도 잘 버텨냈다는 걸 느낄

'உண்மையே கடவுள்'
'TRUTH IS GOD'

마두라이 간디기념관.

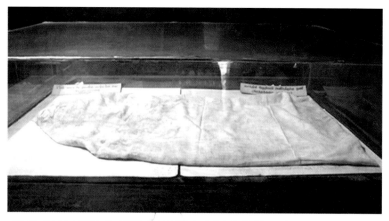
기념관 암실에 보관된 간디 암살 당시 입었던 핏자국이 선명한 도티.

수도 있었다.

사진과 글을 전시한 공간을 벗어나 복도 끝쪽으로 가면 간디의 유품들이 진열된 공간이 나온다. 식기·수저·찻잔·필통·슬리퍼 등등 어느 하나 검소하지 않은 게 없다. 하지만 가장 중요한 유품은 암실에 전시된 그가 피살될 때 입었던 피 묻은 도티다. 그의 붉은 핏자국이 선명했던 도티이지만 이젠 빛이 바래 흰색으로 변해가고 있었다. 깡마른 그의 얼굴이 대변해 주듯 검소한 생활, 독립을 향한 투혼, 인도를 사랑한 정신이 가득 배어 있어 나그네의 눈시울을 붉게 만든다. 이 도티가 이 박물관에 보관 전시된 이유는 바로 이곳에서 양복을 벗고 평생을 도티로 바꾸어 입었기 때문이다. 이와 함께 그가 물레를 돌리는 사진이 머리를 스친다. 대영제국의 방직산업이 들어와 인도 국민을 수탈하는 도구로 변하자 비폭력 저항의 한 방법으로 그는 물레를 돌려 베를 짰던 것이다. 기념관 본관 좌우에 뻗은 건물은 간디의 이 같은 독립정신을 학생들에게 교육시키는 시설물이다. 이날도 어린 학생들이 단체로 입장해 전시관을 둘러보곤 교육시설로 들어가고, 일부는 나무 그늘 아래서 휴식을 취했다.

타밀나두주에는 이 기념관 외에 간디의 기념관이 하나 더 있다. 바로 인도의 최남단 땅끝마을인 깐냐꾸마리 바닷가에 세워진 간디 만다팜이다. 이곳에는 그의 화장한 재를 뿌렸다. 이 만다팜은 재를 잠시 보관해뒀던 장소에 세워진 기념관이다.

13
마두라이의 상징, 스리 미낙시 사원

마두라이 간디기념관을 돌아보고 나오자 벌써 시간은 오후 5시를 지난
다. 재빨리 바이가이강을 건너 미낙시 순다레슈바라 사원(일명 스리 미낙
시 사원으로 옮긴다. 이 사원은 시바 신의 또 다른 화신인 순다레슈바라와
그의 비 미낙시를 각각 모시는 두 개의 사원이 합쳐진 곳이다.

이 사원은 티루치라팔리(Tiruchirappalli)의 비슈누 신에게 바쳐진 세계
최대 규모의 힌두사원 스리 랑가나타스와미 사원(Sri Ranganathaswamy
Temple)에 맞먹는 웅대한 석조건축물군을 자랑한다. 인구 3백여만 명에
달하는 마두라이는 이 사원을 2중 3중 4중으로 겹겹이 둘러싸면서 외연
이 확대된 도시다. 그만큼 스리 미낙시 사원이 이 도시 전체라고 해도 과
언이 아닐 정도의 상징물이다.

이 사원 건립의 시초는 7세기로 거슬러 올라간다. 즉 판디아왕조(BC 3
세기-16세기 초)의 전성기에 사원을 건축하기 시작했다. 그러나 지금의
모습으로 건축된 시기는 나야크왕조(1565-1781)의 티루말라이 나야크
왕(Tirmalai Nayak, 1623-1655)의 집권 때부터다. 이때 스리 미낙시 사원
의 주건물이 지어졌다. 그의 아들과 손자 등 왕들이 부속건물 등을 증축해
오늘에 이른다. 세월이 흐르면서 고푸람 등 주요 건물이 많이 낡아 1963
년 세습자금으로 새로 복원공사를 했다.

이 스리 미낙시 사원군(群)은 사각형 담으로 둘러싸였다. 동·서 260미
터, 남·북 220미터의 드넓고 큰 사역(寺域)은 그 자체가 한 도시를 형성한

높이 50여 미터에 이르는 스리 미낙시 사원의 남쪽 고푸람.

것이다. 사역 담장 사각변 즉 동·서·남·북에 높이 40-50미터에 달하는 거대한 고푸람이 각각 버틴다. 사원군 안에도 규모는 작지만 8개의 코푸람이 있어 모두 12개의 고푸람이 세워져 있다. 사원군 내에는 1천 주(柱)의 만다파와 그 중간에 황금연지(黃金蓮池: Golden Lotus Tank)가 자리한다. 또한 순다레슈바라와 미낙시 사원이 구역을 달리해 건축됐다. 이 두 사원은 힌두교인이 아니면 입장을 할 수 없다. 시바를 모신 순다레슈바라 사원의 지붕 즉 비마나(Vimana: 인도 사원의 본전 뒤에 솟아 있는 첨탑. 사원에서 가장 신성한 곳이다.)는 황금을 씌워 화려하기 짝이 없다.

1천 주의 만다파는 회랑으로 이뤄졌다. 정확한 기둥 숫자는 985개다. 이 돌기둥마다 새겨진 예술적인 조각은 모두 다 형형색색이다. 만다파 대부분이 사원예술박물관으로 쓰인다. 박물관에는 이 사원군의 미니어처를 비롯해 우주의 댄서라 불리는 시바의 나타라자상·시바상·가네샤상 등 여러 신상과 동물 조각품, 그리고 힌두교와 관련된 그림 등이 전시되었다. 또 시바의 상징인 링가를 모신 여러 개의 작은 성소와 난디상(Nandi像), 그리고 눈부신 황금기둥 당간도 세워졌다. 특히 한 기둥에는 시바가 출산하는 장면의 부조를 새겨놓은 조상(彫像)이 눈길을 끌게 한다.

이 사원에는 관광객 외에 평일엔 1만 5천여 명이, 금요일엔 2만 5천여 명의 힌두교 순례객이 찾아든다. 관광객까지 포함하면 매일 입장객 수가 2만여 명에 이른다. 순례객의 입장료·시줏돈과 예물·향·꽃 등을 팔아 벌어들이는 수입이 연간 6천만 루피(약 14억 원)에 이른다고 한다. 인도에서는 이 수입액이 굉장히 큰 것임은 말할 나위 없다. 그래서 힌두교인들로 언제나 번잡하기 이를 데 없다. 사원 안은 코코넛 기름 태우는 냄새가 진동한다. 순다레슈바라와 미낙시 사원은 말할 것도 없고, 링가를 모신 성소와 난디상과 가네샤상, 그리고 당간이 세워진 작은 성소 등에도 절을 하거나 기도하는 인파로 붐빈다. 불기운과 땀냄새, 그리고 종교적인 열기가 뒤엉켜 이방인 나그네의 혼을 뺏는다. 힌두교인은 시뻘건 불이 담긴 쟁반을 든 힌두사제 앞에서부터 머리 숙여 기도를 드린다. 사제들은 교인의 이마

스리 미낙시 사원의 동쪽 고푸람.

에 쇠똥을 태운 재를 반죽한 흰색의 빈디(Bindi: 힌두교인이 이마 중앙에 찍거나 붙이는 흰색 또는 붉은 점)를 찍어준다. 특히 힌두교인은 작은 성소인 시바의 상징인 남근상 링가에 꽃다발과 예물, 그리고 향을 피우며 기도를 올린다. 그들은 쇠똥을 태운 흰 재를 난디상과 가네샤상 등에 묻히며 기도를 드린다. 많은 이들은 난디상의 귀에다 입을 대고 소원을 빌기도 한다. 또 당간 앞에 그려놓은 꼴람(Kolam: 남인도 지방의 길바닥이나 사원 등 건물바닥에 그린 그림)을 향해 사지를 바닥에 붙인 큰절을 올리기도 한다. 이런 오래된 샤머니즘 요소는 종교의 교리나 의식에 지배당하지 않고 지금까지 이어져온 것들이다.

  판디아왕조(BC 3세기-16세기 초)의 2대 왕 판디아와 그의 왕비가 후손을 생산하지 못해 기도를 올린다. 이들의 간절한 기도가 하늘을 움직여 왕이 집전하는 행사의 성스러운 불길에서 미낙시가 탄생한다. 그런데 이 여아는 세 개의 젖가슴과 물고기 눈을 가졌다. 왕과 왕비, 그리고 왕가에선 기쁨 대신 근심만 깊어진다. 어느 날 하늘에서 "이 아이가 자라나서 배우자를 만나면 가운데 젖가슴이 없어진다. 그러니 걱정하지 말라."라는 말을 남긴다. 왕은 근심을 풀고 이 아이에게 '타다타가이(Tadaatagai)'라는 이름을 지어준다. 그리곤 60여 가지의 학문을 가르치면서 왕위 계승자로 삼는다. 이 공주는 나이가 차면서 삼계와 팔방을 정복하는 전쟁에 앞장선다. 그리곤 힌두의 삼신(三神)인 창조의 신 브라흐마와 유지의 신 비슈누는 물론 다른 여신의 궁전까지도 정복해버린다. 이제 그녀에게 남은 정복의 대상은 파괴의 신 시바뿐이다. 공주는 시바가 거처하는 히말라야 카일라쉬산으로 진군해 시바의 군대와 시바의 탈것인 난디까지도 무찌른다. 마지막으로 시바와 마주친다. 시바와 눈이 마주치는 순간 싸움은 고사하고 부끄러움에 고개를 들 수 없어진다. 이때 순간적으로 공주의 가운데 젖가슴이 사라지고 만다. 타다타가이는 시바가 자신의 배우자임과 자신이 사랑을 쟁취한 처녀신 파르바티(Parvati)의 화신임을 동시에 깨닫는다. 이때 시바는 수행 중이라 타다타가이를 그녀의 나라로 돌려보낸다. 시

1천 주의 만다파 열주에 새겨진 나상의 여신 조각상들.

바는 수행을 마친 8년 후 순다레슈바라라는 화신으로 판디아왕국의 수도 마두라이로 내려와 그녀와 결혼한다.

지금도 이 사원에선 매일 밤 9시 30분이면 순다레슈바라 사원 앞에 둔 가마를 미낙시 사원으로 옮기는 행사가 이어진다. 순다레슈바라가 탄 가마는 이튿날 아침 6시가 되면 미낙시 사원의 그녀 처소에서 다시 그의 사원으로 옮겨놓음은 물론이고. 신화 속의 얘기가 현실에서도 매일같이 재현되고 있으니 드라비다인 아니 타밀나두 사람들의 힌두교에 대한 진지한 종교의식을 엿볼 수 있는 재밌는 사례다.

동방의 아테네 마두라이

이렇게 유명한 스리 미낙시 사원이 자리한 마두라이는 과연 어떤 도시일까? 마두라이는 '동방의 아테네'라고 불리기도 한다. 남인도 내륙 깊숙한 바이가이 강변에 세워진 남아시아에서 가장 유서 깊은 도시 중의 하나이다. 기원전 3세기에 일어난 판디아왕조가 1천여 년 가까이 도읍한 왕도다. AD 1-3세기에 후추와 상아 등 해외무역으로 번영을 누려 마두라이 곳곳엔 로마 화폐가 발견되었다. 판디아왕조는 11세기 졸라왕조에게 병합되었으나 12세기 말 부흥해 13세기엔 남인도의 최강국이 된다. 14세기 초 이슬람 킬지왕조가 이곳을 침범한다. 왕은 직계가족만을 데리고 피신해 버린다. 이슬람 술탄은 마두라이를 마구 짓밟고 델리로 귀환하면서 엄청난 전리품을 챙겨간다. 이때 챙겨간 전리품은 코끼리 612마리, 보석과 황금상자를 운반하는 포로 9만 6천여 명, 2만여 필의 말, 문서와 문헌 등등이다. 이 전리품만 봐도 마두라이가 얼마나 대단한 왕도인지 짐작이 된다.

그 후 1336년 함피에서 일어난 비자야나가라(Vijayanagara)왕국이 2세기 가까이 지배한다. 이 왕국이 세력을 잃자 이 지방 총독 나야크(Nayak)가 마두라이에 1565년 나야크왕조(1565-1781)를 세운다. 나야크왕조는 티루말라이 나야크왕(Tirmalai Nayak, 1623-1655)이 번성시키면서 중흥기를 이뤄 스리 미낙시 사원도 재건하기에 이른다.

그런 후 18세기 중반 인도의 여러 소국가들이 영국의 식민지로 변한다. 당(唐)의 현장법사는 『대당서역기』에 마두라이를 이렇게 기술했다. "말라이콧타국(國)은 주위가 5천여 리다. 왕도(마두라이)는 주위가 40여 리다. 토지는 척박하고 산물은 풍부하지 않지만 해산(海産)의 진귀한 보물이 많이 모여든다. 날씨는 덥다. 누렇고 검은색의 사람이 많다. 성격은 격렬하며, 사교와 정법을 모두 믿고 있다. 학예는 존중하지 않고, 다만 노력하고 있을 뿐이다. 가람의 흔적이나 절터는 아주 많으나 지금 남아 있는 것은 적고, 승려 또한 많지 않다. 힌두사원은 수백 개이고 외도들이 많다. 특히 노형(露形: 나체 수행자)이 많다."라고. 가람의 흔적이나 폐사지가 많다는 기록으로 봐 이곳에 전법사를 파견한 아소카 대왕(재위 BC 265-238) 때는 불교가 성행했다는 것을 알 수 있다.

　『동방견문록』의 저자인 베네치아 상인 마르코 폴로도 이 판디아왕국의 캬야르항을 두 번이나 방문했다는 기록을 남겼다. 마두라이엔 스리 미낙시 사원을 건립한 티루말라이 나야크왕이 건축한 티루말라이 나야크 궁전도 남아 있다. 이슬람 양식과 중국 양식이 가마된 인도 건축양식으로 지어졌다. 많이 낡았지만 그 규모나 화려한 조각 등은 놀랄 만한 공간임은 물론이다. 스리 미낙시 사원이 주제가 된 여러 예술제도 지금까지 이어진다. 이곳은 남인도 지방의 목화 집산지라 면방직·견직물·염색공장·농기구 공장이 많다. 커피·차·향신료·땅콩의 집산지라 가공산업도 발달했다. 교육의 중심지이기도 하다.

14
사원예술박물관

마두라이 간디기념관을 둘러본 일행은 스리 미낙시 사원 부근에서 내린다. 아샤 양은 일행을 사원 안으로 들어가는 만다파가 있는 동쪽 고푸람 쪽으로 인도한다. 동쪽 고푸람 맞은편 일대는 제법 큰 시장이다. 인파로 득실댄다. 만다파 입구에서 신발을 맡긴다. 나그네는 정강이가 약간 드러나는 반바지 차림이라 입장할 수 없단다. 하는 수 없이 옆 가게에서 돈(1달러)을 주고 흰 천조각인 룽기(Lungi: 인도전통 남자 복장)를 빌린다. 상인 아주머니가 때가 묻어 꾀죄죄한 룽기를 허리에 감아준다. 정 사장님은 남의 속도 모르고 "최 선생님! 아주 멋집니다. 아무 걸 걸쳐도 멋쟁이는 다릅니다."라고 익살을 떤다.

만다파 안으로 들어간다. 만다파 안 회랑엔 기념품 등을 파는 상점이 꽉 들어찼다. 이게 어찌된 일인가? 나그넨 깜짝 놀라고 만다. 상인들이 회랑 따라 이어진 빼어난 조각품인 열주에 상품을 걸거나 진열대 받침으로 이용한다. 거기다가 형광등까지 켜놓은 채 호객행위를 벌인다. 이 고귀한 문화유산이 각종 상품을 파는 가게로 둔갑했으니 정말 기가 찬 일이다. 안타깝기 한이 없다. 사원 측이 자릿세를 받기 위해 상인들에게 이 문화재 공간을 대여해주었으리라. 회랑의 천장엔 화려하게 채색된 연꽃 모양 등 각종 천정화가 형광등 불빛에 주눅이 든 듯 빛을 잃어가고 있어 더욱 마음 아프게 한다.

기념품 상가로 변한 회랑을 거쳐 사원 안으로 들어가자 '사원예술박물

사원예술박물관으로 들어가는 회랑. 가게가 이어지고, 기둥 위에 박물관 표지판이 붙었다.

화려한 조각이 새겨진 사원예술박물관의 열주와 천장.

관(Temple Art Museum)'이란 조그마한 간판이 열주 위쪽에 걸렸다. 그
곳까지 가게들은 이어졌다. 각종 조각을 새긴 돌기둥은 2-3미터 간격으
로 회랑 좌우에 꽉 들어섰다. 천장과 맞닿는 주두(柱頭)마다 조명등을 켜
놓아 돌기둥 전체를 비춘다. 열주에 새겨진 멋진 조각 작품의 솜씨를 상감
(賞鑑)하라는 뜻이 분명할 게다. 사원 안 '1천 주의 만다파'라 불리는 985
개 돌기둥인 열주에 새겨진 조각은 제각각 다른 형태를 보여준다. 주두의
조각은 물론이고, 열주 몸체의 조각도 모두 다른 모양이다. 특히 몸체의
조각은 회랑 좌측과 우측이 다르다. 우측엔 나신인 여신상이다.

　　좌측엔 모습을 달리한 험악한 동물 입상이 조각됐다. 회랑의 우측 열주
몸체에 새겨진 나상인 여신상들의 얼굴과 유방과 취한 포즈도 제각각이
다. 어떤 여신상은 몸을 배배 꼬며 관능적인 모습으로. 참배객들이 만져

손때로 반들거리는 너무 아름다운 유방을 가진 여신상은 팔목이 떨어져 없어지기도 했고. 얼굴 표정이 모두 다른 것은 말할 것도 없다.

회랑 좌측 열주의 주두 조각은 동물상을 새겼다. 사납고 험상궂은 모양의 사자나 호랑이·멧돼지 등의 조각이지만 모양은 모두 다 다르다. 그 수많은 돌기둥 하나하나에도 입체적이고, 관능적이고, 육감적이고, 생동감 넘치는 갖가지 모습들이 새겨진 것이다. 여신상과 동물상 조각에 혼이 빠져 걸음이 늦어지자 아샤 양이 다가와 "이렇게 감상하다간 사원 문 닫을 시간 안에 다 돌 수 없습니다."라면서 발걸음을 재촉한다. 드라비다족 석공들의 솜씨가 북인도 타지마할을 만든 아리안 석공 솜씨를 뛰어넘을 정도로 빼어났음을 이 사원에서 또다시 실감하며 감탄사를 터뜨린다.

그렇다. "북인도에 타지마할이 있다면 남인도엔 스리 미낙시 사원이 있다."라고 하지 않았던가. 또 걸출한 두 건축물은 교묘하게도 거의 동시대

'우주의 댄서'라 불리는 시바의 화신 나타라자상과 미낙시상.

두 마리 말이 끄는 가마 탄 시바 신. 그 앞엔 미낙시 상이 서 있다

에 탄생하지 않았는가.

북인도 아그라에 자리한 타지마할은 무굴제국(1526-1857)의 5대 황제 샤자한(Shahjahan, 재위 1628-1657)이 애비(愛婢) 뭄타즈 마할(Mumtaz Mahal)을 추모해 건립한 궁전 형식의 묘지다. 마두라이에 있는 이 스리 미낙시 사원 또한 나야크왕조(1565-1781)의 티루말라이 나야크왕(1623-1655)의 집권 때부터 현존한 이 건물을 지었던 것이다. 북인도 타지마할은 인도 이슬람의 대표적인 건축물이고, 남인도의 스리 미낙시 사원은 인도 힌두교를 대표한 건축물이라는 점은 누구도 부인하지 못하니 말이다.

'아이라깔 만다파'라고도 불리는 사원예술박물관은 회랑의 중앙통로 깊숙한 안쪽에 자리했다. 통로는 대리석 바닥을 깔았다. 번들거리는 바닥은 조명을 받아 번쩍번쩍 빛난다. 회랑 따라 좌우에 시바의 화신인 순다레슈바라와 미낙시와 연관된 나무·돌·청동 등을 재료로 한 아름다운 자태의 조각상과 동상 등이 진열되었다. 또한 유리관 속엔 옛 유물들이 전시되었고. 벽에는 미낙시 등 여신들을 그린 고화(古畵) 등이 많이 걸렸다.

인도인 가이드를 고용해 이들 유물 하나하나에 대해 자세한 설명과 함께 감상하려면 오후 시간이 모자랄 정도다. 일행은 가이드도 고용하지 않은 채 수박 겉핥기식으로 지나친다. 나그네는 두고두고 후회스러움에서 벗어나지 못한다. 또 큰 유리관 속에 이 사원의 미니어처를 만들어 뒀다. 조명을 밝혀둔 이 모형도를 보면 거대한 사원의 구조와 형태를 한눈에 파악할 수 있도록 했다. 4각변 담장마다 우뚝 솟은 고푸람 담장 안쪽에 있는 작은 고푸람 순다레슈바라 사원과 미낙시 사원 여러 개의 만다파, 그리고

스리 미낙시 사원 안 사원예술박물관에 전시된 관능적인 돌조각 여신상.

사원예술박물관에 전시된 시바의 동상.

특히 중앙의 황금연지(黃金蓮池: Golden Lotus Tank) 등의 구역을 작은 모형물로 나눠 표시했다.

회랑 제일 안쪽 끝엔 시바의 또 다른 화신인 우주의 댄서라 불리는 나타라자 동상과 미낙시 동상이 여러 가지 조각을 새긴 낮은 기단 위에 세워졌다. 기단의 중앙엔 나타라자상이, 그리고 왼쪽엔 작은 미낙시 동상이 서 있다. 이 동상에는 늘 밝으면서도 은은한 조명을 비춰둬 숭엄하고 신성한 곳임을 알려주었다.

우주의 댄서라 불리는 나타라자상

시바의 나타라자상은 힌두교의 대표적 신상(神像)의 하나다. 특히 남인도의 촐라왕조 때 청동상으로 많이 제작해 지금까지 전해진다. 촐라왕조는 기원전 3세기부터 체라·판디아왕조와 함께 남인도 지방을 지배했다. 9-13세기 중엽엔 남인도 대부분 지방을 차지했던 타밀족의 왕조다. 나타라자상은 청동상 외에도 사원의 벽면을 장식하는 부조로 표현되기도 한다. 이 시바의 춤을 '탄다바(Tandava)'라고 한다. 시바가 우주를 파괴하려고 할 때 이 탄다바 춤을 춘다.

춤을 출 때 시바의 오른손에 들고 있는 북은 시작을 의미하는 창조를, 왼손에 든 불꽃은 파괴를 의미하는 세상의 종말을, 시무외인(施無畏印: 부처가 중생의 두려움을 없애 주기 위하여 나타내는 형상. 팔을 들고 다섯 손가락을 펴 손바닥을 밖으로 향하여 물건을 주는 시늉을 하고 있는 손 모양)을 한 또 다른 오른손은 구원을 뜻한다. 아이를 밟고 있는 오른발은 안정을, 높이 들고 있는 왼발은 휴식을 의미한다. 기단 위에 아이를 밟고 원(圓) 속에 탄다바춤을 추는 상이 들어 있다. 원 주위에는 30여 개의 불꽃이 조각되었다.

특히 사원예술박물관 안쪽 돌기둥인 열주의 상당수는 회랑 좌우의 열주와 모양이 다르다. 이곳 열주는 신상이나 동물을 돌을새김 없이 사각 혹은 육각·팔각형으로, 또 가느다랗다가 굵어지기도 해 눈길을 끈다. 물론

사원예술박물관 안에 전시된 시바의 석상.

이들 열주의 외관만은 모두 같고, 수많은 돌기둥의 각 면엔 각종 힌두신들이 음각되어 있을 뿐이다. 어떤 곳의 열주는 연꽃과 신상을 양각하기도 했지만. 또 안쪽에는 시바의 화신인 순다레슈바라가 탄 바퀴 달린 가마가 눈길을 사로잡는다. 가마의 모양이 마말라푸람의 다섯수레사원에 있는 라타(Ratha: 신이 타는 수레)와는 다른 모습이다. 가마는 쇠로 만들었다. 바퀴도 물론이고. 모양은 둥근 원뿔형이다.

가마의 위쪽 모습은 천으로 덮어 자세히 볼 수 없다. 단지 이 가마를 끄는 말 두 필과 가마에 앉은 순다레슈바라상이 모두 흰 조각품이다. 특히 두 필의 말은 마두라이의 수호신상으로 보인다. 가마 앞 오른쪽엔 장신구, 그리고 보석을 수놓은 아름다운 의상으로 성장한 미낙시상이 서 있다.

또 다른 공간을 장식한 대형그림 한 폭이 조명을 받아 빛난다. 바로 위풍당당한 미낙시 신의 결혼식을 화려하게 그린 것이다. 예식 장면은 중앙

사원예술박물관에 전시된 유물

에 미낙시 신이, 그리고 왼쪽에 순다레슈바라가 서 있다. 순다레슈바라의 오른손이 미낙시의 왼손을 잡았다. 오른쪽에는 차크라(Cakra: 바퀴)를 든 비슈누 신이, 그들의 옆에는 많은 여신과 남신들이 두 손을 모아 쥐고 축하를 하는 듯 그려졌다. 아래쪽에는 악공들의 모습도 보인다.

15
스리 미낙시 사원·2

　스리 미낙시 사원의 사원예술박물관을 둘러보면서 첸나이주립박물관을 들러보지 못해 안타까워했던 3일 전의 기억이 다시 떠오른다. 첸나이주립박물관을 꼭 둘러보고픈 이유는 남인도에서 가장 숭배되는 시바 신의 다양한 청동상을 소장 전시하고 있기 때문이 아니던가. 시바 신은 힌두교 3대 신의 하나이며, 이외에도 석가모니 불상과 다양한 부조가 전시된 곳이다. 그러나 스리 미낙시 사원의 사원예술박물관을 둘러보곤 그 안타까움이 조금은 풀린다. 시바의 다양한 모습을 한 많은 수의 청동상과 석상을 보았기 때문이리라. 사원예술박물관 안에 비치된 미니어처를 보고, 사원 안으로 들어가 갖가지 유적을 둘러본다. 그러나 사원은 너무나 거창한 곳이라 어디가 어딘지, 또 서 있는 위치가 어디쯤인지 파악할 수 없음은 물론이다.

　그런 가운데도 회랑 천장화의 화려함이 눈을 홀린다. 천장화로 그린 소재도 갖가지다. 춤추는 여신상과 연꽃 각색의 연꽃과 봉오리, 그리고 날개를 가진 상상의 동물 갖가지 동물과 조류 등의 조각, 시바상과 사자를 탄 파르바티, 그리고 미낙시상, 순다레슈바라와 여신 미낙시의 결혼 장면, 처녀 시절의 용감한 무사인 미낙시의 전쟁터에서의 활약상을 그린 그림, 당초무늬와 연꽃 등등 힌두교와 연관된 것들이다. 그중에도 연꽃을 그린 천장화가 대부분을 차지한다.

　정 사장님과 나그네는 번들거리는 회랑의 바닥과 아름다운 천장화가

스리 미낙시 사원의 천장 조각.

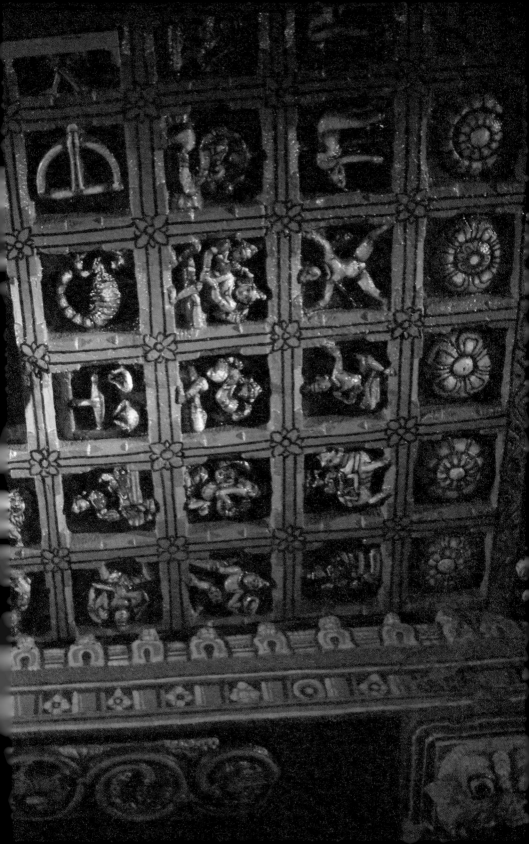

스리 미낙시 사원 회랑에서 여행 도반 정 사장님(왼쪽)과 기념촬영.

난디상의 귀에 대고 기도문
을 외우고 있는 힌두인들.

그려진 곳에서 기념촬영을 한다. 나그네는 특히 빌린 룽기(Lungi: 인도전
통 남자복장)를 입었기에 여러 장의 사진을 남긴다. 사원예술박물관과 1
천 주(柱)의 만다파를 벗어나 돌계단을 타고 내려오면 힌두교인들이 법
석대는 성소 안으로 들어가게 된다.

흰 재 가득 쓴 난디상

화려한 석공예 조각 열주가 가득한 1천 주의 만다파와 사원예술박물관
을 벗어나 역시 회랑으로 이어진 성소(聖所) 안으로 들어가면 시바 신의
탈것인 난디상이 제일 먼저 나그네를 맞는다. 난디상은 쇠똥을 태운 흰 재
(灰: ash)를 얼굴에 가득 덮어쓴 채 사각 돌담 안에 앉았다. 사각 돌담 앞
에는 촛불이 켜진 돌등잔대가 놓였고. 힌두교인들은 이 난디상을 그냥 지
나치지 않는다. 많은 이들이 등을 쓰다듬으며 기도를 올린다. 어떤 이들은

난디의 귀에다 공손하게 입을 대고 소원을 비는 기도문을 외우기도 한다. 또 돌등잔대 뒤 돌담 위에 놓인 통 안의 재로 난디의 얼굴에 빈디(Bindi: 힌두교인이 이마 중앙에 찍거나 붙이는 흰색 또는 붉은 점)를 찍으며 기도를 올린다. 돌담은 그들이 뿌린 코코넛 기름으로 검게 변했다.

돌계단을 내려 다시 다른 회랑으로 들어간다. 바로 황금 당간(幢竿)이 빛나는 성소가 회랑 중앙을 차지한다. 당간 뒤쪽엔 난디가 받치고 있는 순다레슈바라와 미낙시 신상들이 가득 조각된 반타원형 탑이 회랑 천장과 맞닿아 있고. 황금 당간에는 의례식이 있을 땐 흰 천을 S자 모양으로 감아 올린다. 그 앞 회랑 바닥에는 신성한 곳임을 알리는 콜람(Kolam: 남인도 지방의 길바닥이나 사원 등 건물 바닥에 그린 그림)이 여러 장 그려졌다. 상당수 힌두인은 이 꼴람 주위에서 오체투지 형식의 하나로 머리·팔·다리 등 온몸을 큰 대(大)자형으로 바닥에 붙여 절을 올린다. 그들의 기도는 물론 티베탄이 오체투지로 몇 달 또는 몇 년이 걸려 라싸와 포탈라궁을 참배하러 가는 것에 비교할 수 없지만 그 표정만은 너무도 경건하게 비친다. 나그네도 그들의 경건함에 비할 바는 아니지만 삼가는 마음으로 촛불함에 불을 붙이며 여정이 무사하길 빌어본다.

황금 당간이 서 있는 앞쪽 바닥에 그려진 꼴람.

금욕과 채식주의자인 힌두집단 아야파 행렬이 스리 미낙시 사원을 메우고 있다.

출산하는 시바 신상

스리 미낙시 사원의 그 넓고 긴 회랑 안은 가는 곳마다 성소들이 발걸음을 멈추게 한다. 황금 당간과 탑을 지나면 또 코끼리의 얼굴을 한 가네샤상(像)의 성소가 자리한다. 가네샤상은 흰 천으로 얼굴을 가려뒀다. 성소 앞은 알루미늄봉 철망을 쳤다. 성소 출입구 마지막 계단은 도금을 했고, 이곳에도 많은 힌두교인들이 경배를 올리면서 뿌린 꽃들이 바닥에 잔뜩 깔렸다. 좀더 들어가면 출산하는 시바 신상의 성소도 나타난다. 이 신상의 하반신은 분홍 비단천으로 덮어 아기를 낳는 장면은 가렸다. 단지 시바 신은 누워서 출산하는 게 아니라 양다리를 벌리고 선 채 아이를 낳는 장면을 새겨놓았다. 출산하는 시바 신의 얼굴은 잔뜩 찡그리고 있다. 그 신상 앞에도 촛불함이 놓여 있다. 힌두교인들은 촛불을 켜면서 기도를 올린다.

파괴의 신 시바는 본질적으로 죽음과 시간이라는 양면성을 지닌다. 따

출산하고 있는 시바 신.

시바 신의 상징인 링가를 모신 성소.

라서 평화스런 모습(배우자 파르바티와 아들 스칸다와 함께 있는 시간), 우주의 댄서(Nataraja)로, 벌거벗은 고행자로, 탁발승의 모습 등 64가지의 다양한 특성을 지닌 신이다. 시바 신의 64가지의 특성 중에는 출산에도 관여한다.

푸자 의식

이어 곳곳에 시바 신의 상징인 남근상 링가를 모신 성소가 자리한다. 링가의 아래쪽도 흰 천으로 가렸다. 신도들이 뿌린 성물인 꽃들이 천 위와 바닥에 수북이 깔려 있다. 원숭이 신 하누만을 모신 성소도 보인다. 이 외에도 무척 많은 조각상과 성물이 있으나 일일이 알 수 없어 안타까울 따름이다.

원숭이 신 하누만을 모신 성소.

순다레슈바라 사원과 미낙시 사원엔 저녁에 치러지는 푸자(Puja: 공양) 의식이 진행 중이다. 그러나 힌두가 아니면 아예 얼씬거리기도 어려운 분위기다. 단지 문밖에서 사원 안쪽을 흘끗 쳐다보는 것으로 만족한다.

특히 시바 신의 화신인 순다레슈바라를 모신 화려한 황금지붕 즉 비마나(Vimana: 인도 사원의 본전) 뒤에 솟아 있는 첨탑(사원에서 가장 신성한 곳)을 가진 사원엔 힌두교인이라도 도티만 입고 상반신을 드러낸 남성만 출입이 가능할 뿐 여성이나 어린이도 출입이 불가능하다. 이 근처 회랑을 돌다가 창문을 통해 황금사원을 들여다본다. 바로 순다레슈바라를 모신 사원의 황금 비나마다. 이것만도 큰 행운인 셈이다. 검은 천의 도티(dhoti)를 걸치고 이마에 빈디(Bindi)를 찍은 남성 순례자들이 북적댄다. '아야파(Ayyappa)'라고 부르는 채식과 금욕생활을 하는 힌두집단이다. 이들은 이 사원을 중심으로 48일 동안 벌어지는 마두라이 축제기간에 집중적으로 몰려 참배한다. 이들의 연간 순례참배객은 무려 2천여만 명에

난디상에 기도를 올리는 아야파 힌두들.

달한다고 한다. 아야파 집단은 카메라를 보면 무척 화를 내 촬영하기가 어렵다. 이들의 시바 신에 대한 신앙심을 보면 경외감마저 느끼게 된다.

다시 스리 미낙시 사원 회랑의 복판에 자리한 사각형 여신의 황금연지(黃金蓮池, Golden Lotus Tank)에 닿는다. 넓은 연지 중앙엔 황금 당간(幢竿)이 우뚝 솟았다. 이 당간을 둘러싼 작은 사각형 공간은 싱싱한 연(蓮)이 자란다. 당간이 세워진 옆 물속에 황금연꽃(Golden Lotus)이 좌대 위에 놓였다.

일행이 이곳을 찾았을 때는 연지 수리공사가 한창이었다. 따라서 연지엔 물을 빼버려 당간만 외롭게 우뚝 솟아 있었을 뿐 물 위에 뜬 황금연꽃과 싱싱한 연이 자라나는 모습을 볼 수 없었다. 물론 공사가 끝나도 평시엔 모조품 황금연꽃을 좌대 위에 올려놓는다. 단 특별한 의식이 열릴 때만 진품을 꺼내 식을 치른다고 한다. 이 사원 사방 고푸람 중 제일 높고 화려한 남쪽 고푸람을 가장 멋지게 잡을 수 있는 사진 포인트가 바로 이 연지다. 그래서 카메라를 가진 이들은 누구나 이 연지에서 남쪽 고푸람을 향해 셔터를 눌러댄다.

테팜 축제

일명 '마두라이 플로트 페스티벌(Madurai Float Festival)'이라고도 불린다. 마두라이에서 매년 1월 중순에서 2월 중순 사이 보름달이 뜨는 날에 열리는 축제다. 이 축제는 마두라이를 지배한 나야크왕조(1565-1781)의 티루말라이 나야크왕(1623-1655)의 집권 때 스리 미낙시 사원에서 5킬로미터 정도 떨어진 곳에 인공호수를 만들고 그 중심부에 사원을 세워 신성한 신들을 모신 것이 그 시원이 되었다고 전한다. 이 호수 신전을 '완디유르 마리암만 떼빠쿨람(Vandiyur Mariamman Teppakulam)'이라고 부른다. 이 인공호수는 스리 미낙시 사원과 너비가 거의 같다. 바이가이강의 물을 끌어들여 채운다.

넓은 호수 가운데는 위그네스와르(Vigneshwara, 가네샤) 신을 위한 사

여신의 황금연지에서 본 스리 미낙시 사원의 남쪽 고푸람.

원이 세워졌다. 이 사원 앞에는 미낙시 여신과 시바의 화신인 순다레슈바라 신상을 모신 자그마한 신전이 엮어진 부표 위에 떠 있다. 사원까지 가는 길은 밧줄을 이용한 배가 참배객을 실어 나른다. 요즘은 작은 보트들도 운행된다.

그 후 이 축제는 매년 이날 새벽이 되면 스리 미낙시 사원에 안치된 순다레슈바라 신과 미낙시 여신, 그리고 여러 신을 모시는 행렬이 이 호수로 향하면서 막이 열린다. 이때 신들은 황금마차를 타고 간다. 코끼리·말 등의 동물을 탄 1천여 명의 악사들이 풍악을 울리면서 행진을 에스코트한다. 이 장관을 구경하려 모여든 힌두와 관광객들이 연도를 가득 메운다. 특히 순다레슈바라 신과 미낙시 여신은 위그네스와르 사원으로 모셔져 깨끗하게 목욕을 시키는 행사가 벌어진다.

저녁엔 호수 주변에 수만 개의 작은 램프가 불을 밝혀 축제 분위기를 돋운다. 이때 불꽃놀이가 벌어진다. 불꽃놀이 뒤 행사에 참여한 힌두들은 축배를 든다. 이날은 스리 미낙시 사원, 과티루말라이 나약 궁전도 입장객을 받지 않음은 물론이다. 마두라이 시내는 이 축제로 들뜬다.

16
스리 미낙시 사원의 고푸람

　힌두교는 세계에서 가장 오래된 종교다. 그렇지만 교조나 교리가 없는 게 특징이다. 오랜 시간에 걸쳐 다양한 신앙 형태가 융합된 종교일 뿐이다. 즉 토속신앙·주술·제식·일신교·다신교·고행·신비주의 등이 수천 년에 걸쳐 자연스럽게 조화를 이룬 것이다. 따라서 다른 종교에 관용적이고 배타성이 얇은 게 특징이다.

　이들 힌두교인들에게 힌두사원은 신들이 땅으로 내려와 머무는 곳을 의미한다. 힌두교의 신은 3억3천만 위(位), 즉 그 수가 셀 수 없을 정도로 많다. 물론 이들 신 가운데 우주 창조의 기능을 가진 브라흐마, 우주 유지의 기능을 담당하는 비슈누, 그리고 우주 해체의 시바 등 세 신을 우두머리 신으로 꼽는다. 이 세 신이 각자의 기능을 유기적으로 결합함으로써 우주가 존재하게 된다는 것이다. 따라서 이들 세 신의 유기적인 기능을 힌두 삼위일체신론(Trinitarianism)이라고 한다. 신들이 땅으로 내려와 머무는 곳을 상징한 것이 바로 고푸람이다. 그래서 고푸람에는 많은 힌두신상과 악마들이 조각돼 있다. 스리 미낙시 사원 고푸람에 새겨진 신상의 조각솜씨나 색채가 뛰어나고 현란하기로 이름났다. 동·서·남·북 네 개의 고푸람엔 각각 3천3백 위의 신상과 악마의 화려한 조각이 새겨졌다. 어떤 이는 각 고푸람의 신상이 3만3천 위에 달한다고 말하기도 할 정도다.

　이들 동·서·남·북 네 개의 고푸람은 같은 시기에 건조된 것이 아니면서도 '완벽하다'라고 평가할 정도로 멋진 조화를 이룬다. 이들 중 동쪽 고푸

스리 미낙시 사원의 북쪽 고푸람.

람이 제일 오래된 것이다. 13세기에 건조되었다니 무려 8백여 년 전의 건축물이라 깜짝 놀란다. 가로 34미터×세로 20미터 크기의 석조 토대 위에 세워진 높이 50여 미터에 이르는 9층짜리 장대한 건축물이다. 서쪽 고푸람은 마두라이 기차역이나 역 근처의 숙박업소에서 사원을 찾아오는 여행객들이 제일 먼저 육안으로 접할 수 있는 탑문이다. 14세기 초 이슬람 킬지왕조가 이곳을 침범할 때 지어졌다고 한다. 외관은 다른 고푸람과 구별할 수 없을 정도다. 북쪽 고푸람이 가장 늦게 만들어진 탑문이다.

신상과 악마의 조각보다는 건물들이 많이 조각돼 있는 게 특징이다. 이 고푸람의 꼭대기엔 무시무시하게 생긴 큰 악마의 얼굴이 버티고 있다. 바로 얼굴만 있는 악마 카르티무카(kirti mukha)다. 타밀어로 카르티(kirti)는 영광을 뜻하며, 무카(mukha)는 얼굴을 뜻한다.

얼굴만 있는 악마

얼굴만 있는 악마 카르티무카에 대한 전설이 전한다. 잘란다라(Jaiandhara)라는 거인의 왕이 있었다. 그는 시바를 무찌르기 위해 라후(Rhu)라는 악마를 출전시킨다. 라후가 침략해오자 시바는 끔찍한 사자머리 형상을 한 악마로 화현(化現)해 맞부딪친다. 라후는 이에 질겁하고 "살려주세요."라고 애원한다. 시바는 자신의 화신인 사자머리 형상의 악마에게 "라후를 살려주어라."라고 명한다. 그러자 사자머리 악마는 그 대가로 굶주린 자신의 배를 채울 희생물을 요구한다.

시바는 그에게 "너의 몸뚱이를 뜯어먹고 배를 채워라."고 명한다. 사자머리 악마는 결국 자신의 몸을 모두 삼키고 얼굴만 남게 된다. 시바는 얼굴만 남은 악마에게 "너는 카르티무카로 알려질 것이며, 나의 문(門)에 영원히 머물면서 수호하라."고 명령한다. 그 얼굴만 남은 악마 카르티무카는 시바가 있는 곳에는 머리 위쪽에 남아 시바 신을 보호하는 역할을 한다. 그의 형상은 우악스럽고 위엄 있게 비친다.

스리 미낙시 사원 북쪽 고푸
람 꼭대기에는 카르티무카의
무서운 얼굴을 조각했다.

남쪽 고푸람, 가장 높고 화려한 예술적 탑문

사방의 고푸람 중 남쪽 문이 제일 높다. 이 고푸람은 조각이 가장 아름
답고 화려하며 뛰어난 예술적 탑문으로 평가받는다. 역시 9층에다 높이는
50여 미터(48.8m)에 가깝다. 신상과 악마의 조각이 가장 많은 곳임은 물
론이고. 남쪽 탑문 1층 중앙부분 왼쪽에 자리한 시바와 그의 비 파르바티
가 난디를 타고 있는 조각이 수많은 조각 중 가장 크다. 그 위 왼쪽엔 6개
의 머리를 가진 시바의 아들 스칸다(Skanda, 일명 까르티케야)가 공작새
를 타고 있는 조각상이 눈길을 끈다. 또 오른쪽 끝부분엔 비파를 든 음악
과 예술의 신으로서의 시바 신 조각상도 보인다.

왼쪽 끝부분엔 난디를 탄 시바상 옆에 그의 아들인 코끼리 얼굴을 한 가
네샤의 모습도 선명하다. 특히 1층 중앙부분엔 힌두 세 신의 하나인 우주
창조의 기능을 담당하는 브라흐마의 아들 마르깐데야(Markandeya)를 죽

스리 미낙시 사원 남쪽 고푸람의 화려한 조각들. 코끼리 얼굴을 한 가네샤 신의 모습이 보인다.

서쪽 고푸람 제일 아래층 위에 난디를 타고 있는 시바와 파르바티 그리고 그 위쪽에 시바를 보호하는 얼굴만 있는 악마 카르티무카의 조각상.

이려는 야마(Yama)를 시바의 화신 깔라하라(Kalahara)가 삼지창으로 찌르는 무시무시한 조각이 눈길을 확 끈다. 야마는 모든 죽은 신을 다스리는 왕으로 불리는 신이다. 마르깐데야는 시바와 깔라하라 중간에 겁먹은 표정으로 눈을 동그랗게 뜨고 서 있는 재미있는 조각도 볼 수 있다.

사방 고푸람의 각층 중심축에 있는 방마다 전기불이 켜지기 시작한다. 오후 6시가 훌쩍 지났다. 서쪽 고푸람을 통해 스리 미낙시 사원을 빠져나온다.

일행은 지칠 대로 지쳤다. 지난밤 새벽 2시 지나 첸나이역에서 열차에 몸을 실은 후 잠을 설친 데다 오후 2시가 넘어 마두라이에 도착해 바로 간디기념관을 둘러보고 이 넓은 사원에서 헤매었으니 말이다. "아는 만큼 보인다."고 했던가? 스리 미낙시 사원에선 그저 감탄사만 연발하면서 사진 찍기에만 넋이 팔렸다. 그러니 너무도 빼어난 유물을 제대로 모두 볼

스리 미낙시 사원 동쪽 고푸람에 조각된 무용수 조각.

남쪽 고푸람 1층 위에 난디를 타고 있는 시바와 파르
바티와 그 위쪽에 시바를 보호하는 얼굴만 있는 악마
카르티무카의 조각상이 새겨졌다. 수많은 조각들 중
가장 크다.

수도, 볼 시간도 없었던 셈이다. 수박 겉핥기식 감상이라도 나그네에게 그 감동은 너무나 컸었다. 열차가 연착만 안 했더라도 드라비다족 석공들의 그 화려하고 빼어난 솜씨와 천장화 등 예술품에 푹 빠졌을 텐데 아쉽기만 했다. 또 힌두들의 시바 신에 대한 깊은 신앙심과 경외심을 자세히 살필 수 있었음은 물론이고. 안타까움에 몇 번이나 고개를 돌려 조명이 들어온 스리 미낙시 사원의 높은 고푸람을 돌아본다. 그렇게 지치지 않았다면 얼른 저녁식사를 마치고 다시 사원 주위를 얼씬대기도 했을 텐데 말이다.

서고츠산맥의 동쪽 케랄라주 테카디로 이동

여행 닷새째(3월 15일 목요일) 아침을 맞는다. 너무 고단해 어젯밤 묵은 호텔과 주변을 둘러볼 시간도 못 가졌다. 카메라를 들고 호텔 주변 산책에 나선다. 이른 아침이니 별다른 구경거리가 없다.

오늘은 타밀나두주와 케랄라주의 경계부분에 위치한 테케이디(Thekkady)란 도시로 이동해야 한다. 테케이디는 케랄라주에 속한 조그마한 산촌마을이다.

즉 서고츠산맥의 동쪽 언저리다. 이 산맥의 서쪽 사면은 급경사를 이루지만 동쪽 사면은 경사가 완만하다. 마두라이에서 자동차로 약 3시간 거리다. 고도가 높은 완만한 구릉지인 데다 아라비아해에서 불어오는 남서계절풍의 영향으로 강우량이 많다. 연중 기온이 온난해 차와 향신료 생산지로 유명한 곳이다. 이곳엔 야생동물 보호구역인 페리야르국립공원(Periyar National Park)이 있다. 벵골산 호랑이가 서식하는 곳이다. 호랑이 서식 분포지역도 상당히 넓다. 그 외에도 코끼리·멧돼지·물소·몽구스·삼바(Sambar: 세 갈래 뿔을 가진 큰 사슴)·표범 등등 동화책에 등장하는 많은 동물들이 울창한 원시림과 초원을 누빈다.

특히 '카타깔리'라는 남인도 께랄라 전통춤 공연장이 있어 자그마한 산골마을이지만 많은 관광객이 모이는 곳이다. 또 인도의 독특한 향신료 농장도 자리해 흥미를 자아내는 곳 중 하나다.

케랄라 주 전통무용인 카타깔리의 남자 배우가 공연 전 분장을 하고 있다.

케랄라주

케랄라는 인도 남서부 해안 남단에 위치한 주다. 이 주의 생김새는 남미의 칠레와 비슷하다. 인도반도 남서쪽 아라비아 해안선 따라 남·북으로 좁고 길게 뻗었다. 남·북의 길이가 567킬로미터에 이른다. 너비는 32-120킬로미터다.

면적은 38,863제곱킬로미터로, 인도 28개 주 중에서 21번째로 작은 주다. 인도 국토의 1.18퍼센트에 불과하지만 총생산량은 20퍼센트에 달할 정도로 부유한 주의 하나다. 문맹률이 낮고 소득수준 또한 평균보다 엄청 높다. 인구는 3천여만 명으로 인구밀도가 높다. 종교는 힌두교 57퍼센트, 회교 23퍼센트, 기독교 20퍼센트다. 기독교는 시리아정교 6.7퍼센트, 가톨릭 8.9퍼센트, 개신교 4.4퍼센트로 나뉜다. 이 길고 좁다란 땅덩어리는 서고츠산맥이 등뼈처럼 솟아 뻗어내리며 동·서로 갈라놓았다. 이 산맥으로 인해 육로와 물길이 거미줄처럼 얽혀 있다. 네 개의 강이 아라비아해로 흘러 들어가면서 서로 얽힌 내륙수로는 총 길이가 무려 9백여 킬로미터에 달한다. 덕분에 곳곳에 삼각주가 형성되었다. 특히 해안 저지대에는 셀 수 없을 정도로 많은 석호(潟湖: lagoon)가 위치한다.

또한 바다·호수·강이 내륙수로를 통해 복잡하게 이어졌다. 허파꽈리처럼 꾸불꾸불 복잡하게 뻗은 물길은 수천 년 동안 도시와 마을을 연결하며 물자와 사람을 실어 날랐다. 열대우림 사이로 모세혈관처럼 퍼져 있는 이 물길은 철도와 도로가 건설된 뒤에도 이탈리아의 베네치아 운하와 같이 서민들의 교통로이자 관광상품으로 그 이름을 빛내고 있다.

이 내륙수로에 들어가면 환상적이라 바로 "이곳이 바로 선계(仙界)로구나!"라는 느낌을 받는다. 잭우드(인도산 빵나무) 널빤지로 엮어 만든 하우스 보트 케투발룸을 타고 호수와 운하를 유람하면 이게 바로 "신선놀음에 도낏자루 썩는 줄 모른다"는 우리 속담을 실감할 수 있는 지상낙원임은 말할 나위 없다.

더욱이 케랄라주는 기원전부터 향신료 무역항으로 인도에서 가장 오래된 항구 코친이 있는 곳이다. 2천여 년 전부터 유대인들이 향신료를 얻기 위해 이곳을 찾아 무역을 하면서 집단거주지를 만들기도 했다. 중국과 아라비아 상인들이 끊임없이 드나들었고, 포르투갈·네덜란드·영국 등 서구 열강이 각축을 벌인 곳이다. 코친을 비롯해 많은 항구가 있다.

향신료의 생산지는 바로 거대한 서고츠산맥을 넘으면서 나타나는 끝없는 차밭이 이어진 구릉지다. 이 구릉지의 중심인 테케이디엔 가루로만 봐왔던 후추나무 덩굴과 향신료의 여왕이라는 카더몬, 향긋한 레몬그라스, 다섯 가지 맛을 내는 올스파이스 등의 향신료 농장이 여기저기 흩어졌다.

또 타밀나두주 경계지점에는 야생동물 보호구역인 페리야르국립공원이 위치해 호랑이·코끼리·표범·각종 조류 등 갖가지 동물을 볼 수도 있는 곳이다.

이 주에는 기원전 3세기부터 체라왕조가 지배했던 땅이다. 인도 남단 서해안의 코친·말라바르·트라반코르 지방을 중심으로 한 나라다. 1세기 이후 무질리스의 보석류 수출과 코친의 향신료 수출로 그리스 사료에도 기록되었다.

17
페리야르국립공원

여정 닷새째(3월 15일 목요일) 오전 9시, 자동차를 타고 테케이디 (Thekkady)로 향한다. 마두라이로 들어올 땐 이 도시가 인구 3백만 명의 타밀나두주 제2의 도시란 걸 느끼지 못했다. 마두라이 기차역과 스리 미낙시 사원이 자리한 구도심만을 맴돌았기 때문이다.

구도심을 중심으로 사방에 뻗은 신시가지가 엄청 넓게 퍼졌다는 걸 실감케 한다. 규모가 큰 로터리를 비롯해 도로의 폭 또한 아주 넓다. 오토바이 대수가 자전거를 앞질렀고, 오토릭샤보다는 승용차가 더 많이 달리며 아침을 맞는다. 그러나 대중교통 수단인 버스는 이 나라 다른 도시와 다를 바 없었다. 낡아 삐거덕거리는 데다 콩나물시루를 방불케 했다.

이 힌두의 도시에 십자가가 높이 달린 교회 모습도 보여 이채롭다. 하긴 AD 1-3세기에 후추와 상아 등 해외무역으로 번영을 누렸던 곳이 아닌가. 지금도 시가지 곳곳을 파면 로마 화폐가 발견되기도 한다니. 2천여 년 전부터 서방세계와 문물을 교환해온 곳이니 십자가가 이상하게 비칠 이유도 없는 것이 당연하다. 도시 외곽으로 빠지자 반농반도(半農半都)의 형태를 보인다.

케랄라주의 변방 테케이디로 가는 도로는 우선 49번 국도를 탄다. 왕복 4차선 포장도로가 시원하게 뚫렸다. 중앙분리대는 높이 1미터가량에 너비 20센티미터 정도의 콘크리트 구조물을 설치해뒀다. 차선은 아직 긋지 않은 상태다. 교외로 벗어나자 도로변엔 너른 평야가 나타난다. 어떤 논엔 벼가 한 자 이상 자랐고, 어떤 논은 모심기를 위해 논바닥을 써레질한 후 수평으로 다져놓기도 했다. 평야 곳곳의 울창한 야자수 숲은 농민들이 거주하는 마을이다. 멀리 서고츠산맥의 바위산들이 꿈틀대는 모습이 눈에 들어온다.

평야지대를 벗어나자 도로는 2차선으로 바뀐다. 차선도 말끔히 도색되었다. 도로변 구릉지엔 지붕 낮은 전형적인 남인도 주거지들이 눈에 띈다.

한적한 도로를 30여 분 이상 질주하자 조그마한 도시가 나타난다. 마두라이에서 49번 국도가 끝나는 지점의 데니(Theni)란 소읍이다. 이 소읍은 45번 국도와 마주치는 삼거리로 교통의 요지다. 버스정류장에는 많은 사람들이 북적댄다. 45번 국도에서 동북쪽으로 올라가면 락쉬미푸람(Lakshmipuram)이라는 도시를 거쳐 사통팔달의 교통요지 딘디굴(Dindigul)에 이른다. 일행은 반대방향으로 꺾이는 도로를 택한다. 바로

마두라이 시내 도로엔 자전거보다 오토바이가 더 많다.

한적한 KK로드에 한 여인이 풀더미를 머리 위에 이고 걸어가고 있다.

220번 국도다. 이 국도의 이름은 'KK로드(KK Rd.)'다. KK로드를 타자 조
그마한 소읍과 평야지대, 그리고 구릉지가 이어진다. 구릉지에 드러난 흙
은 황토다. 전라도 땅을 방불케 한다. 도로는 여전히 포장된 왕복 2차선이
다. 논엔 패기 전의 통통한 벼들이 곧게 고개를 쳐들었다.

　넓은 야자수 숲을 지나자 드디어 목적지 테케이디에 닿는다. 숙소로 찾
아든다. 바로 체크인 후 여장을 푼다. 시간은 정오를 조금 지났다. 이른 점
심을 먹고 다음 일정을 준비한다.

엠바디호텔 인테리어

　테케이디에서 묵을 숙소가 너무나 특이하다. 엠바디호텔이다. 우선 이
호텔 안내데스크 뒤편에는 예수 그리스도의 사진이 걸렸다. 아마 기독교
를 믿는 서양인이 일군 건축물임이 분명하다. 일행이 묵은 동(棟)은 외관
이 3층 벽돌건물인 데다 지붕은 기와를 이었다. 정원 곳곳엔 노거수가 늙

은 나그네를 반긴다. 주위는 온통 숲이다. 공기가 상쾌할 수밖에.

룸에 들어서니 탄성이 절로 터진다. 실내 벽체만 회벽일 뿐 다른 구조물은 모두 목조다. 룸 바닥부터 널빤지를 깐 마루다. 천장도 들보 위에 두터운 나무판자를 얹었고. 경사진 쪽 천장엔 당초무늬 등 갖가지 나무 조각품으로 장식했다.

심지어 실내등 주위도 목조각품으로 치장할 만큼 인테리어에 신경을 쏟았다. 그러니 의자·옷장·실내장식물·화장실의 옷걸이와 수건걸이 또한 목조 조각임은 말할 나위도 없다. 룸엔 조그마한 다락방이 붙었다. 다락방 오르는 길은 잘 다듬어 만든 나무계단이다. 어찌 "아!"라는 탄성이 터지지 않을소냐. 마치 숲속 요정의 집을 연상시킨다.

예민한 감성의 소유자인 정 사장님은 "최 선생님! 실내 곳곳을 빼놓지 않고 카메라에 잡아야 합니다."라고 말하곤 바깥으로 나가더니 야생화 한 줌을 꺾어와 물컵에다 꽂는다. 분위기를 띄운 그는 "이 밤 멋있게 한잔합

엠바디호텔 객실 인테리어.

엠바디호텔 인테리어.

시다."라면서 들뜬다. 룸도 깨끗하게 청소된 데다 집기들도 말끔하게 정
리해뒀다. 낮 시간대라 너무 한적하다. 정 사장님과 나그네는 여장을 풀면
서 이미 분위기에 흠뻑 취해버린다.

페리야르국립공원

오후 2시 30분, 벵골산 호랑이가 서식한다는 페리야르국립공원에 닿는
다. 이 국립공원은 야생동물 보호구역임은 물론이다. 타밀나두주와의 접
경지역에 위치한다. 아라비아해 남단의 인도대륙 최고(最古)의 항구도
시 코치와는 190킬로미터 떨어졌다. 야생동물 보호구역의 너비는 거제도
(379㎢)의 두 배에 가까운 777제곱킬로미터에 달한다.

영국이 페리야르강 상류에 1895년 댐을 건설하는 바람에 수몰된 지역이 큰 호수로 바뀌었다. 이 호수에서 크루즈 사파리 투어를 한다. 이 호수의 물은 지하수로를 통해 마두라이로 흐르는 바이가이강을 적셔준다. 또한 수력발전을 하기도 한다.

이 야생동물 보호구역 안에 서식하는 동물은 3백여 종에 달한다. 호랑이를 비롯해 코끼리·들소·멧돼지·표범·사슴·여우·가마우지 등 각종 조류 등등의 동물들이다. 이들 동물 중 특이한 종(種)은 지상에서 가장 몸집이 큰 물소 종류인 가우아를 들 수 있다. 또 멸종 위기에 있는 세 갈래 뿔을 가진 큰 사슴 삼바도 서식한다. 몽구스와 사향노루도 볼 수 있다. 회색 랑구르 원숭이는 너무나 많다. 힌두교인들은 힌두의 원숭이 신 하누만이 바로 회색 랑구르 원숭이라고 믿기 때문에 신성시하는 동물이다. 이 원숭이들은 인간을 보고도 피하지 않는다. 먹이를 달라고 조르고, 장난기 넘치

크루즈 사파리 투어 선착장.

휴게실 지붕 위에 앉아 관광객들을 기다리는 랑구르 원숭이들.

는 행동도 거리낌 없이 벌이기 일쑤다.

큰 호수는 갈수기라선지 아니면 발전(發電)을 하기 위해 바이가이강에 물을 많이 흘려보내서인지는 몰라도 저수량이 엄청 줄어들어 있다. 따라서 댐 속 고사목이 길게 고개를 쳐들어 껍질 벗은 나신을 보여준다. 또 저수면이 낮아지면서 수몰된 맨땅들이 속살을 드러낸다.

한낮이라 크루즈 사파리 투어를 하려는 관광객은 그리 많지 않다. 승선권을 구입하고도 시간이 남는다. 일행은 시원한 음료수를 마시기 위해 승선객 대기건물에서 조금 떨어진 숲속의 휴게실을 찾는다. 휴게실의 높은 슬레이트 지붕 위엔 회색 랑구르 원숭이들이 모여앉아 찾아올 사람들을 기다린다. 휴게실은 벽이 없는 공간인데 대신 철망을 쳐 원숭이들의 난입을 막았다. 앙증스러운 새끼를 배에 안고 이곳저곳 뛰어다니며 먹이를 구걸하는 엄마 원숭이가 대부분이다. 이들은 관광객이 휴게실 안으로 들어오기만 하면 새끼를 안은 채 철망을 타고 내려와 "먹을거리 좀 주세요!"

라는 듯 애절한 눈빛을 보낸다. 그 눈빛과 마주치고 나면 과자나 과일 등을 던져주지 않고 배길 수 없다. 철망을 설치하지 않았더라면 관광객이 먹는 음식이나 소지품을 쏜살같이 집어가고도 남을 것이다.

선승 대기건물 벽면엔 호랑이 서식분포도와 앞발로 물을 걷어차며 뛰어오르는 호랑이 사진을 걸어뒀다. 호랑이는 워낙 조심성이 많은 동물이라 배를 탄 투어에서는 구경할 수 없다. 전문가이드와 함께 호랑이 서식지를 찾아 긴 시간 트래킹을 하지 않으면 볼 수 없음은 물론이다. 1박 2일 또는 2박 3일의 트래킹 코스를 별도 상품으로 선택해야 가능하다.

일행은 선착장으로 가 2층으로 된 큰 배에 오른다. 야생동물은 아침이나 저녁이 아니면 활발히 움직이지 않는다. 나그네는 아프리카의 사파리 투어에서 이 사실을 터득한지라 많은 동물들을 보리라는 기대를 않고 승선했다. 관광객을 태운 선박은 수몰로 인한 고사목 나신 사이사이로 난 수

수몰로 생긴 고사목.

울창한 나무들로 찬 숲. 한낮이지만 햇살이 파고들 여지가 없을 정도다.

로를 따라 운행한다. 키 큰 고사목엔 물새 둥지도 보인다. 저녁이나 새벽엔 가마우지 등 조류가 고사목 위에 앉아 먹이인 물고기의 동태를 살피기 위해 한 점 흐트러짐 없이 주시할 것이다. 어떤 키 큰 고사목 위엔 더부살이 식물의 씨앗이 날아들어 푸른 잎을 피워내기도 했다.

배가 호수 위를 가로지른 지 15분이 지난다. 먼 지류의 숲 아래서 한 야생동물 떼의 풀 뜯는 모습이 처음으로 눈에 띈다. 승선한 관광객들의 눈길이 한곳으로 모인다. 풀을 뜯는 동물은 바로 멧돼지 떼다. 큰놈들 사이에 새끼들도 낀 무리다. 이 무리는 배의 엔진소리에 적응이 되었는지 숲속으로 달아나지 않고 먹이와 포식자의 출현에만 신경을 쓰는 듯 보인다. 또 배가 더 전진하자 건너편 호숫가 풀밭에도 한 무리 멧돼지들이 풀을 뜯는다. 이 시간대는 호랑이나 표범 등 맹수가 숲속 그늘에서 낮잠에 빠지거나 휴식을 취하고 있기에 마음 놓고 배를 채우는 것 같다. 소 떼도 풀을 뜯는다. 물론 덩치가 가장 큰 종인 아우아무리는 아니다. 그럼에도 소 떼는 먹이를 먹는 모습이 멧돼지보다 더 당당하다. 그리고 노루만 몇 마리 더 보았을 뿐이다.

배는 숲속에 위치한 고급 리조트의 식품조달을 위해 나무다리로 만든 어설픈 선착장에 잠시 머문 뒤 돌아 원위치로 회선한다. 배표를 파는 메인 건물 주변은 키가 30-40미터에 이르는 아름드리 나무들이 곳곳에 뿌리를 박았다. 또 거대한 거북이 조형물 등의 조각품도 보인다. 거북이 조형물 아래 공간은 음료수와 빵 등을 파는 매점이 들어 있을 정도로 엄청나게 크고 넓다.

18

무드라 카타깔리 센터

    테케이디(Thekkady)는 서고츠산맥 속의 산골이라 해가 일찍 지는 모양이다. 오후 6시가 지나면서 골목마다 전깃불이 켜지기 시작한다. 호텔로 돌아와 저녁을 먹곤 주위 골목 구경에 나선다. 골목엔 기념품과 옷가게가 주류를 이뤘다.

    정 사장님과 나그네는 옷가게에서 왜바지와 비슷한 하의를 산다. 나그네는 흰색, 정 사장님은 진초록색을 선택했다. 이 하의는 속이 비칠 정도의 얇은 천으로 만든 것이다. 땀이 차지 않을 뿐 아니라 시원하기도 했다. 가격은 5천 원. 그래서 여행기간 내내 즐겨 입었다.

    일행은 오늘 일정 중 마지막인 카타깔리(Kathakali) 공연장으로 향한다. 시가 중심지에 위치한 공연장은 무드라 카타깔리 센터(Mudra Kathakali Center)란 간판이 걸렸다. '무드라'란 인도 고전무용으로, 주로 감정표현을 위한 일련의 섬세한 손짓을 말한다. 건물 안엔 많은 관광객이 자리를 차지해 공연이 시작되길 기다린다. 공연이 시작되면서 관광객이 거의 들어찼다. 기름등잔에 불을 켜는 신성한 점화의식을 행한 뒤 공연이 벌어진다. 타악기의 센 비트와 높은 음정을 이어가는 설창(說唱)이 무대와 공연장을 사로잡는다. 타악기 공연은 마치 우리 사물놀이패의 공연을 방불케 한다. 화려한 토속의상에다 얼굴과 머리, 그리고 긴 갈고리손톱으로 장식한 여장남성 배우가 신비스러운 몸짓과 동작으로 등장한다. 의상과 의관, 그리고 소도구 등 그들의 치장물만 무게가 수십 킬로그램에 달한다. 이런

테케이디 시내 중심가의 아침.

무게를 걸치고 자유자재로 연기를 구사하는 무용수를 보면서 혀를 내돌리고 만다. 공연장 안은 관광객이 터뜨린 카메라 플래시 불빛이 난무하고.

이 카타깔리 공연은 1인의 설창자(說唱者, ponnani, sankidi)가 영창(詠唱)하는 시가(詩歌)의 내용을 무용수가 양식화된 신체언어로 해석·표현하는 무언무용극이다. 17세기에 시작된 이 민속무용의 시가 내용은 인도의 대서사시 「라마야나(Ramayana)」[라마(Rama) 왕자의 파란만장한 모험과 위대한 행적을 그린 서사시]의 일화를 주제로 삼았다. 이 초기의 시가 내용은 시대의 흐름에 따라 바뀐다.

비슈누가 화신한 여러 신의 위대한 행적을 묘사한 대서사시 「바가바타 푸라나(Bhagavata Purana)」의 4백여 일화들을 극화해 상연하기에 이른다. 카타깔리는 케랄라 동부 트라반코르(Travancore)에 뿌리를 내린 번왕국(藩王國) 코타라카라 탐뿌란(Kottarakkara Tampuran)왕이 17세기 중반에 창시했다고 전한다. 당초 사원 연극으로 전래되어 오던 꾸띠야탐 (Kutiyattam)과 끄리슈나탐(Krishnattam)을 기초로 해 백성들이 좋아하는 노래와 춤을 보태 카타깔리를 만들었다는 것이다. 이 카타깔리는 사원의 앞마당, 마을의 공터, 사택의 너른 마당 등 많은 사람들이 모일 수 있는 장소에서 공연되었다. 주제에 따라 6-7시간 혹은 밤샘 공연을 하기도 한다. 그런데도 관중들은 공연의 감응을 받아 자리를 떠나지 않음은 물론이다. 최근 관광객들에게 보여주는 공연은 대부분 1시간 내외에 불과한 약식이다. 관광객은 세계 최대의 서사시인 힌두신화의 내용을 다 알 수 없기에 공연 내용을 수박 겉핥기식 감상으로 만족해야 한다.

　케랄라 민속무용극인 카타깔리가 힌두사원 경내의 전용공연장에서 마을 공터 등으로 바뀌어 개방되면서 모든 계층의 백성 즉 대중에게 인기를 얻게 되었다. 신과 영웅 등 신화적인 존재의 위대한 행적을 재연하면서 그들에 대한 감사와 기원을 담았기에 연기자와 관중 모두 힌두교 제의(祭

무드라 카타깔리 센터 공연장.

카타깔리는 한동안 야외에서 공연되었다.

儀)의 숭배의식을 공유하며 푹 빠지게 된다. 이 민속무용극의 매력은 무
용수의 얼굴 표정, 섬세한 손짓, 재미있는 걸음걸이 등등 고도로 양식화되
고 정련된 육체적인 표현기법을 꼽는다. 또한 그들의 독특한 복장이나 얼
굴치장, 머리에 쓴 관, 갈고리 모양의 손톱, 맨발 등등이 외국관광객 눈을
사로잡기에 모자람이 없다.

설창자가 구송하는 서사시의 내용을 마임 즉 신체표현만으로 전달하는
무용수들은 양식화되고 정련된 온몸의 표현이 가능해지려면 어린 나이에
입문해 최소한 10여 년 혹독한 훈련을 거쳐야 한다. 그래서 무용수들의
일거수일투족은 바로 육체로 보여주는 시(詩)라 해도 과언이 아니다. 무
용수들은 역할이나 상황에 따라 다양한 감정을 연출하기 위해 얼굴 근육
을 마음대로 움직인다. 코·눈동자·입술·눈썹 등 얼굴 전체의 근육을 자유
자재로 변화시켜 보는 이들로부터 감탄을 자아내게 만든다. 설창자나 타
악기 연주자 또한 무용수와 호흡을 맞추려면 장시간 협연 연습을 하지 않
으면 불가능함은 말할 나위도 없고. 타악기 연주에 사용되는 악기는 첸갈

라·일라딸람·첸다·마달람·이다까·소라 고둥 등등이다. 두 설창자는 우리의 꽹과리와 비슷한 첸갈라를, 보조창자는 작은 바라 형태의 일라딸람을 연주한다.

기름등잔의 점화의식 뒤 무대엔 보조자 두 명이 가슴께에 닿는 간이 막을 펼친다. 이때 무대 뒤에선 두 명의 무용수가 신을 찬양하는 축무를 춘다. 이어 설창자가 시바·비슈누 등의 신에 대한 찬시(讚詩)를 구송한다. 이어 주인공인 무용수의 등장의식이 벌어진다. 간이막이 걷히면서 무용수가 현란한 모습을 드러낸다. 악역을 담당했을 땐 막 뒤에서 분장한 얼굴과 머리에 쓴 관의 일부를 드러냈다가 숨기는 행위를 반복해가면서 관객의 호기심과 긴장감을 불러일으킨다.

무용수들은 이 연희에 평생을 바친다. 그들의 몸짓은 강하고 크다. 몸통을 한 바퀴 돌리고 양팔을 크게 휘두른 후 손가락은 뾰족한 모양을 취한다. 어떤 동작은 해학적이기도 하고, 때론 독특한 기교가 넘치기도 한다. 얼굴은 천연염료로 색칠해 가면처럼 분장한다. 헐렁한 치마, 묵직한 저고리, 갖가지 꽃장식과 목걸이, 높이 솟은 머리장식 등을 갖춰 설창자가 주제를 영창하면 마임 즉 얼굴 표정과 손놀림만으로 그 내용을 표현한다. 분장한 색깔 중 녹색과 흰색은 선함을, 검은색과 붉은색은 악함을, 노란색은 여성을 뜻한다.

화려한 분장에 비해 분장도구는 보잘것없다. 식물에서 채취한 천연물감과 가느다란 나뭇가지, 손바닥보다 조금 큰 거울이 전부다. 분장에 걸리는 시간은 1-2시간 정도다.

공연을 마칠 때 역시 위대한 신과 영웅의 행적을 통해 우주질서를 회복시킨 데 대해 축도(祝禱)의식에 치러진다. 제의 성격이 짙은 이 공연엔 공연자와 관중이 일체가 되어 신에 대한 숭배의 예를 올림은 물론이다. 바라타·나티아·카다크·마니푸리·오리시와 함께 인도 고전무용 5대 양식의 하나로 꼽힌다. 이 카타깔리는 2010년 8월 30일 서울 한예종 크누아홀에서 공연돼 큰 반응을 일으키기도 했다.

카타깔리의 시작 공연. 기름등잔에 점화가 시작되면서 설창자와 타악기 연주자가 공연을 알린다.

악과 선의 두 연기자가 무언극을 펼친다.

향신료 농장

카타깔리 공연 관람을 마치고 나오자 오후 8시가 지났다. 숙소로 돌아
와 인근 거리산책으로 시간을 보내면서 카페를 찾아 시원한 맥주 몇 잔을
마신다. 목재로 인테리어를 꾸민 룸에서의 잠자리는 너무 편안했다. 이틀
전 열차 연착으로 잠 설친 피로까지 확 풀린다. 이른 아침에 일어나 숲으
로 덮힌 호텔 주변을 산책하는 여유까지 부린다.

여정 6일째(3월 16일 금요일)를 맞는다. 이날 일정은 테케이디 인근의
향신료 농장을 둘러본 후 끝없이 이어지는 차밭 속의 산길 따라 케랄라주
최대 도시이며, 인도의 가장 오래된 항구 코치에 들러 관광한다. 그리곤
인도의 베니스라 불리는 알레피(Aleppy)로 가 숙박한다.

오전 8시 30분, 일정이 시작된다. 테케이디는 산골 조그마한 마을에 불

향신료 농장에서 직원이 일행에게 각종 향신료 나무와 풀, 그리고 꽃잎을 설명하고 있다.

향신료 농장 안에 세워진 높은 원두막. 이곳에 올라서면 사방이 모두 보인다.

과하지만 관광객이 많이 찾는 곳이라 중심가엔 7-8층짜리 시멘트 건물들이 보이기도 한다. 등교하는 학생들과도 마주친다.

향신료 농장엔 마을에서 산길 두어 고비를 돌면 닿는다. 농장은 산비탈 일대를 차지했다. 우리 일행이 첫 손님이다. 농장 남자 직원이 일행과 함께 농장 안을 돌면서 각종 향신료 식물들을 소개하고 잎과 꽃잎을 따 맛을 보여주기도 한다.

가루로만 봤던 후추나무의 덩굴, 향신료의 여왕이라는 카더몬, 향긋한 레몬그라스, 다섯 가지 맛을 내는 올스파이스 등등 이름도 처음 듣는 나무와 풀이 산비탈을 가득 메웠다. 말이 향신료 농장일 뿐 우거진 숲은 원시림을 방불케 했다. 농장을 한눈에 볼 수 있는 높이 30여 미터에 달하는 앙증맞은 원두막도 세워졌다. 원두막은 큰 나무둥치 사이에 나무바닥을 깔고, 계단은 굵은 대나무를 이어 만들었다.

원두막에 오르니 사방이 한눈에 들어온다. 맞은편 산기슭엔 차밭이 장대하게 펼쳐졌다. 향신료 전시장에서 갖가지 향신료 제품도 둘러본다. 그리곤 판매원 여성 두 분과 함께 기념촬영 후 농장을 나선다.

19

마탄체리 궁전

테케이디 교외 향신료 농장을 벗어나면서 경사가 완만한 구릉지인 서고츠산맥의 동쪽에서 경사가 심한 서쪽 지역으로 향한다. 동쪽 지역엔 차밭이 끝없이 이어진다. 차밭 속 숲에 십자가가 여럿 달린 교회 건물이 눈에 띈다. 이어지는 차밭엔 찻잎을 따는 여자 인부들이 흩어져 작업을 벌이고 있다.

고도를 서서히 높이는 도로를 따라 차밭은 가도 가도 끝이 보이지 않는다. 영국이 인도를 지배하면서 만든 플랜테이션(Plantation, 재식농업: 열대 또는 아열대 지방에 자본과 기술을 지닌 구미제국이 현지인의 값싼 노동력을 이용해 쌀·고무·솜·담배 따위의 특정 농산물을 대량생산하는 경영 형태)이다.

향신료 농장을 출발해 2시간 30여 분을 달리자 차밭은 울창한 산림지대로 바뀐다. 서고츠산맥의 정상 부근에 이르렀다는 걸 실감한다. 정상부근에도 작은 마을이 자리한다. 케랄라주로 입경한 것 같다. 대중교통을 이용하려는 주민들이 길거리에 몰려 있다. 검은 천의 옷과 간편식 차도르를 쓴 이슬람 여인들이 대부분이다. 힌두의 땅이지만 이슬람과 힌두인은 이웃으로 함께 어울려 살아간다.

야자수 숲 사이를 뚫은 도로는 어느덧 내리막길로 바뀐다. 이어 도로변에 과일상점과 일상용품을 파는 가게들이 줄지어 서 있다. 40여 분 내리막길을 달리자 긴 대형 복합상가 3층 시멘트 건물이 나타난다. 상가 앞 주

서고츠산맥 동쪽 구릉에서 정상으로 오르는 도로변에 끝없이 펼쳐진 차밭.

차장엔 자가용 차량도 많이 주차됐다. 벌써 정오에 가깝다. 햇볕이 따갑게 내리쬔다. 양산을 쓰고 상가를 드나드는 여인들의 모습도 말쑥하다. 코치 외곽에 닿았다는 걸 직감적으로 느낀다.

　50여 분 후 인도 최고(最古)의 항구도시 코치로 들어가는 삼거리에 닿는다. '어나쿨람(Ernakulam) 38킬로미터'라는 큰 도로표지판이 눈에 들어온다. 코치는 본토인 신시가지 어나쿨람과 좁은 해협 건너 항만과 해군 기지가 있는 윌링던 아일랜드(Willingdon Island), 그리고 또 넥(neck)을 지나 닿는 구도심 포트 코친(Fort Cochin), 마탄체리(Mattancherry)가 자리한 길쭉한 반도의 일부분 등 세 구역이 합쳐진 도시다.

　세 구역은 어나쿨람에서 연륙교 통해 윌링던 아일랜드로, 윌링던 아일랜드에서 연륙교로 구도심인 코친항과 마탄체리로 연결되어 있다. 물론 세 구역엔 정기노선인 페리도 운행한다. 관광객들은 주로 아라비아 해안 쪽 포트 코친, 중국식 어망과 바스쿠 다 가마 광장, 그리고 남쪽의 마탄체리가 있는 곳으로 몰린다. 그 일대가 볼 만한 유적들이 많기 때문이다. 이들 유적 때문에 코치를 아라비안의 진주라고도 부른다.

코치는 좁고 긴 케랄라주 한복판에 박힌 다이아몬드와 흡사하다. 아라비안나이트에 등장하는 바그다드의 상인 신드바드가 동방의 향료를 찾아 모험에 나섰던 바로 그곳이다. 이 코치 한 구역인 본토의 신시가지 어나쿨람에 진입한다.

제일 먼저 눈에 들어오는 게 십자가를 높이 세운 건물들이다. 물론 모스크의 첨탑도 보인다. 또 좁은 해협 따라 숲속에 고층아파트와 고층빌딩이 즐비하다. 누구에게나 "이곳이 과연 인도일까?"하는 의문이 일어나기 마련이다. 어나쿨람과 윌링던 아일랜드 사이의 좁은 해협을 잇는 연륙교는 인도에서 가장 긴 다리다. 넓은 강을 방불케 하는 해협 양쪽은 푸른 숲

윌링던 아일랜드와 본토인 코친 신시가지 어나쿨람 사이의 해협. 오른쪽 어나쿨람 쪽엔 고층아파트와 빌딩이 즐비하다.

으로 뒤덮였고. 해협 복판에 아름답게 선 등대가 아니라면 폭 넓은 강으로 오인하기 십상이다.

다시 윌링던 아일랜드에서 코치항을 잇는 연륙교를 지나 북쪽에 위치한 마탄체리로 향한다. 마탄체리엔 벽화로 유명한 마탄체리 궁전(Mattancherry Palace, 일명 더치 팰리스)과 유대인 마을이 있다. 일행은 이 마탄체리 궁전이 있는 곳에서 하차한다. 그리고 도보로 궁전과 유대인 예배당과 유대인 마을을 둘러본다.

마탄체리 궁전, 힌두신화 묘사한 벽화로 유명

마탄체리 궁전은 1555년 포르투갈이 지은 건물이다. 그 후 1663년 네덜란드가 수리해 사용했기에 네덜란드 궁전이라는 별명이 붙었다.

포르투갈은 코친의 무역허가권을 확보하기 위해 이 건물을 지어 코친 번왕국(藩王國, princely states: 인도의 토후국) 비라 케랄라바르마(Vira Keralavarma)왕에게 선물로 바친 것이다. 그 후 네덜란드가 증축해 지금까지 전해온다. 서구인의 손길이 미친 이 건물은 이제 외관이 낡아 초라해 보인다. 그러나 건물 안 벽화로 유명세를 치렀다. 벽화는 인도의 고전인 대서사시 「라마야나」·「마하바라타」·「푸라나(Purana)」 등 힌두신화의 내용을 묘사한 작품이다. 이들 벽화의 세밀한 표현에 놀라움을 금치 못한다. 또 중앙 강당에는 번왕가가 사용하던 가마·보석이 박힌 옷과 도금류, 그리고 화려한 조각의 천장 등을 볼 수 있다. 이외에도 번왕국 여러 왕의 초상화도 걸렸다. 이들 유물과 16세기 네덜란드인이 그린 코친의 지도도 전시됐다. 유명한 벽화의 전체적인 색상은 붉은 편이고, 세밀한 묘사로 벽 전체를 가득 채웠다. 벽화의 크기는 높이 3-7미터, 길이 2미터 정도다. 그 중 크리슈나 신이 고바르단산을 손가락으로 들어올리는 장면을 묘사한 벽화가 눈길을 끈다.

신 크리슈나는 비슈누의 여덟 번째 화신으로, 라마와 함께 대중에게 숭배되고 있다. 그가 고쿨라에서 목동생활을 할 때 마투라에서 온 목동들에

16세기 중반 포르투갈이 지은 마탄체리 궁전.

마탄체리 궁전 안의 벽화. 관리인 몰래 찍은 것이다.

게 '인드라(Indra: 전쟁의 신)를 숭배하지 말라.'라고 설득을 펴자 화가 난 인드라가 비를 억수같이 퍼붓는다. 크리슈나는 손가락 끝으로 고르바단 산을 들어 올리곤 목동들을 그 아래로 불러모아 비를 피하게 한다. 이런 상황이 7일 동안 이어지자 인드라는 분노를 억제하고 크리슈나에게 경의를 표하게 된다는 신화의 내용을 그린 것이다.

아래층의 여자 침실에는 6개의 손과 두 발로 소젖을 짜는 여덟 명의 여성(고삐)들과 전희를 즐기는 신 크리슈나의 그림도 있다. 그럼에도 궁전 안은 방마다 관리인이 지키면서 촬영을 못하게 막는다.

유대인 예배당

마탄체리 궁전 맞은편에서 조금 떨어진 곳에 파르데쉬 시나고그 (Pardesh Synagogue)라는 유대인 예배당과 유대인 마을이 자리잡았다. 유대인 예배당은 1568년 이곳 상권을 좌지우지하던 유대인들이 만든 건축물이다. 흰색 2층으로 외관이 검소한 건물이다. 지붕의 뾰족탑 안에는 종이 달렸고. 지붕 아래엔 1760년에 제작돼 걸린 시계가 벽면 위쪽 중앙을 차지했다.

회당 안은 화려하게 장식됐다. 금장으로 된 설교대가 중앙에 자리했고, 19세기 벨기에서 수입한 촛대와 화려하고 아름다운 모양을 한 샹들리에가 천장 여기저기 20여 개나 달렸다. 바닥은 꽃과 나무, 그리고 호수와 별장 등이 그려진 청화백자 타일이 눈을 사로잡는다. 흰 바탕에 푸른색 그림이 새겨진 수작업 백자 타일 1천여 장을 건축 당시 중국 광둥에서 수입한 것이라고 한다.

이 청화백자 타일을 수입할 때 일화가 아직도 전해진다. 유대인들은 이 백자 타일을 수입할 경우 번왕국의 왕에게 빼앗기거나 아니면 엄청난 세금을 물어야 했다. 그러자 그들은 묘안을 짜냈다. 수입해온 백자 타일을 번왕국 라자왕에게 바치면서 "타일에 새겨진 버드나무 그림은 쇠기름을 원료로 만든 안료로 그린 것입니다."라고 알린다. 라자왕은 신실한 힌두

유대인 예배당.

유대인 예배당 바닥
에 깐 중국에서 수입
한 청화백자 타일.

교인임은 말할 나위 없다. 힌두교는 소를 신성시하지 않는가. 그 신성한
소의 기름을 원료로 해서 만든 안료로 그린 그림의 백자 타일이니 그에겐
금기시하는 물건이다. 왕은 타일을 유대인들에게 되돌려주고 만다. 그래
서 예배당 바닥으로 깔았다고 전한다.

지금도 이 청화백자 타일은 잘 보존돼 있다. 유대인의 빛나는 재능과 머
리, 즉 솔로몬의 지혜는 지금도 마찬가지로 번득인다. 회당 입구에 엽서판
매대를 두고 한 장에 1달러씩 판다. 인도에서 1달러는 적은 돈이 아니잖
은가. 뿐인가. 입장료도 꼬박 챙긴다.

이 예배당은 460여 년 전까지 이곳 유대인들이 향신료 무역을 통해 큰
부를 쌓아 그들만의 세계를 유지했음을 증명해준다.

관광객은 빈손으로만 관람이 가능하다. 예배당 벽에는 오래된 그림들
이 걸렸다. 어떤 그림은 색이 바랬다. 유대인들이 이곳 코친에 정착하게
된 과정을 묘사한 그림으로 보인다. 이들이 케랄라주에 첫발을 디딘 시기
는 3천여 년 전이란 설이 전한다. 기원전 1,000년경인 솔로몬 시대 이후
다. 즉 바빌론의 너부갓네살(Nebuchadnezzar)왕이 기근이 심했던 예루
살렘을 점령한 뒤 일부 유대인이 아라비아 해안의 케랄라주로 상륙했다

는 것이다. 또 다른 설은 기원전 63년 로마의 장군 폼페이우스가 예루살렘을 점령한 후 로마는 유대인들을 박해하기 시작했다. 그 박해를 이기지 못해 유대인 일파가 케랄라로 이주해왔다는 것이다. 당시 이들과 함께 기독교를 전파하기 위해 상륙한 이가 바로 예수님 12제자 중의 한 사람인 토마다. 그는 서고츠산맥을 넘어 내륙으로 이동해 인도 동해안의 첸나이에서 포교하다가 죽는다. 첸나이의 산토메 성당은 토마의 무덤 위에 세워진 성당이지 않던가.

유대인 예배당에서부터 시작된 유대인 마을은 상당히 긴 골목으로 이어진다. 이곳 상권을 거머쥐었던 전성기 땐 유대인 가구수가 5백 가구를 넘었다고 전한다. 그 후 그들은 이곳에 침투한 포르투갈·네덜란드·영국 세력에게 차츰 무역의 주도권을 빼앗기면서 옛 영화를 되찾지 못한다. 그러다가 1948년 이스라엘이 건국되면서 대부분이 새 조국을 찾아 보금자리를 옮긴다. 이제 남은 유대인은 고작 7세대 22명에 불과하다.

20
포트 코치

 대부분의 유대인이 떠난 자리 즉 해안을 낀 코친의 유대인 마을은 이젠 골동품가게 골목으로 바뀌었다. 이 골목에는 향신료를 비롯해 페르시아산 골동품·힌두신을 그린 그림·옷·보석가게·탈·인형·목공예품 등의 상점이 거리 양쪽에 꽉 들어찼다. 일행은 레스토랑을 겸한 페르시아산 유물을 파는 거창한 긴거(Ginger)란 가게를 둘러본다. 엄청나게 큰 쇠솥과 불상·힌두신상·옛 목선 등등의 대형 유물이 큰 가게를 가득 메웠다. 아이쇼핑으로 만족한다.

 이 가게 안쪽은 레스토랑을 겸한 구역도 있다. 레스토랑에 앉으면 바로 윌링던 아일랜드(Willingdon Island)의 좁은 해협이 보인다. 이 윌링던 아일랜드 해안엔 인도 해군의 긴 막사와 전투함 3척이 너무도 한가롭게(?) 떠 있다. 이들 전투함은 하얀색 페인트로 도색해 푸른색 바다와 대비를 이루며 눈길을 사로잡는다.

 그 아래쪽으론 해군기지의 유류 저장탱크들이 들어섰고. 또 그 아래엔 수만 톤의 대형 크루즈선 2척이 정박해 있다. 이들 크루즈 선박은 인도에서 가장 오래된 코치항에 정박하면서 수천 명의 관광객을 뭍으로 토해낸다. 이 크루즈 선박의 정박으로 코치엔 언제나 외국인이 법석댄다. 레스토랑 쪽 해안에도 작고 큰 유람선이 승객을 기다린다. 그뿐만 아니라 작은 보트와 요트 선박장도 배들로 꽉 찼다. 인도 해군기지 핵심인 이 해협은 전시가 아니라 긴장감은 찾아볼 수 없다. 이 해협과 연안 풍광을 바라보다

포트 코치에서 본 윌링던 아일랜드 해협연안 백색 군함 3척이 정박해 있다.

가 "정말 이곳이 인도일까?"라는 의문이 새삼스레 다시 인다. 그렇다. "이
곳은 인도가 아니라 지중해 북부 이탈리아반도와 발칸반도 사이에 있는
아드리아해가 아닌가?"라는 착각에 빠지고 만다.

이사야서 예언 따라 많은 유대인 1940년대 귀환

구약성서의 대예언서 이사야서(The Book of Isaiah) 43장 5-6절을 보
자. "두려워 말라. 내가 너와 함께하여 네 자손을 동방에서부터 오게 하며,
서방에서부터 너를 모을 것이며, 내가 북방에게 이르기를 놓아라, 남방에
게 이르기를 구류하지 말라. 내 아들들을 원방(遠方)에서 이끌며, 내 딸들
은 땅 끝에서 오게 하라."라고 일렀다. 이스라엘을 중심으로 한 지정학적
관점에서 동방은 시리아·이란·이라크·인도·인도차이나·중국 등지가 포

골동품가게 골목으로 바뀐 긴 유대인 마을 전경. 골목 끝에는 유대인 예배당이 보인다.

함된다. 이들 지역에 흩어졌던 유대인 다수는 제2차 세계대전 이후 이스라엘로 귀환했다. 이들 지역에 살던 유대인들이 이스라엘로 돌아가는 실행 메시지를 알리야(Aliyah) 운동이라고 규정했던 것이다. 인도는 유대인을 차별하지 않는 몇 안 되는 나라에 속한다. 인도는 세계 최고 최대의 인종 전시장이다. 이 같은 이유로 1940년대 말 인도대륙에는 2만6천여 명의 유대인이 거주해왔다.

인도 유대인 이주 역사는 기원전으로 거슬러 올라간다. 이들 유대인은 장구한 시간 인도의 3개 지역에서 공동체를 형성하며 살았다. 약 3천여 년 전 바빌론의 너부갓네살왕이 기근이 심했던 예루살렘을 점령한 뒤 일부 유대인이 아라비아 해안의 케랄라주 코치로 이주한 코친 유대인 2,100여 년 전 뭄바이를 낀 마하라슈트라주에 이주한 베네 이스라엘(Bene Israel), 인도 동북부 마니푸르와 미조람으로 옮겨온 브네이 메나시(Bnei Menashe) 등으로 나뉜다.

코친 유대인은 검은 피부를 가진 고아(Goa) 사람들이다. 이들은 가장 먼저 인도대륙 케랄라 코치에 발을 딛고 카다몬(Cardamon)·후추·너트메그(nutmeg: 육두구) 등 값비싼 향신료 무역을 열면서 새로운 삶터를 일구었다. 이들은 포르투갈의 항해사 바스쿠 다 가마가 코치에 상륙하기 이전까지 이곳 상권을 장악했다. 이들 코친 유대인은 여러 차례에 걸쳐 이주해왔다. 16세기 초엔 검은 피부의 고아 사람들이 아닌 흰 피부를 가진 유대인 칼라가 옮겨오기도 했다. 칼라는 포르투갈·스페인·중동 등지에서 이곳으로 왔던 것이다.

'이스라엘의 자녀들'이란 뜻의 베네 이스라엘은 뭄바이 주변의 마하라슈트라주에 둥지를 틀었다. 1만3천여 명으로 가장 수가 많다. 이곳이 영국령 뭄바이로 불리던 시절인 1820-1830년 10년 동안 이란·이라크·아프간에서 바그다디(Bagdadi) 유대인 2천 명이 옮겨왔다. 이들은 섬유공장과 국제무역을 통해 뭄바이 지방 상권을 장악하기에 이른다.

상가 골목 길거리에서 점술가가 낙관과 비슷한 문양을 팔고 있다.

1930년대엔 유럽에서 난민 유대인이 들어왔다. 이들 흰 피부와 검은 피부의 유대인은 영어에 능통했다. 따라서 영국 통치하에서 크게 성공할 수 있었다. 그들은 군·관리·무역상·장인(匠人) 등 각계에서 두각을 드러냈다. 1937년엔 뭄바이 시장(市長)에 유대인이 임명되기도 했다.

'신의 자녀들'이란 뜻을 가진 브네이 메나시는 기원전 720년경 아수르에 의해 북이스라엘이 멸망할 때 유랑 실종된 10개 지파 중의 한 파라고 주장한다. 즉 요셉의 두 아들 중 하나이며, 야곱의 손자인 므낫세의 지파의 후손이라는 것이다. 2005년 4월 이스라엘 정부는 유대인 후손(므낫세)이라고 자처하는 이들 7천여 명의 인도 국적을 가진 이들에게 이스라엘 입국과 영주 허용을 전격 발표하기도 했다. 이스라엘 정부는 이들이 귀국해 법적 절차를 밟으면 정착지를 주어 시민권자로 예우하고 있다. 이어 2005년 9월, 218명의 미조람 부락민이 유대교로 개종했다. 또 미조족 가운데 2천 명의 젊은이가 이스라엘을 방문하려고 여권을 신청하고, 미조족의 이름을 '치헐렁-이스라엘'로 변경하는 일이 벌어지고 있다. 이스라엘 정부는 개종 학교를 운영한다. 귀환한 이민자들을 유대교로 개종시켜 교리를 배우게 한 후 시민권을 부여한다.

코치(Kochi, 일명 코친: Cochin)

인도대륙은 다른 행성이라고 해도 과언이 아닌 땅이다. 다양한 민족과 종교, 문화 등등 그들만의 사고와 독특한 생활방식이 수천 년 변하지 않고 이어져오고 있는 곳이다. 마르크스도 인도를 두곤 머리를 흔들었다고 전한다. 철저한 카스트제도, 극심한 빈부 차, 다양한 종교가 혼전하는 곳으로 사회주의혁명을 일으킬 엄두를 못 냈으니 말이다. 한 마디로 인도라면 불결하고 걸인들이 우글대고 시끄럽고 무더운 땅이란 선입관을 갖기 마련이다.

그러나 남인도 코치는 예외인 또 다른 행성의 한 곳이다. 코치는 아라비아해와 인도 최대의 벰바나드(Vembanad) 호수(면적: 1,512㎢)가 만나는

포트 코치 시가지. 노거수가 길 건너 주택가를 덮고 있다. 도로 차선도 말끔하게 단장됐다.

곳에 위치해 있다. 코치(코친) 항구도시는 한마디로 깨끗한 도시다. 또 향신료의 고장이다. 특히 기원전 3세기부터 외국인이 향신료 무역을 위해 들락거린 포트 코친이라는 구도심은 앙증맞을 정도로 작은 유럽풍 마을 풍경을 하고 있다.

주택의 벽과 담장은 하얗고 노란색이다. 집집마다 예쁜 꽃의 화분을 밖에 내놓았다. 너절한 벽보를 볼 수 없고, 낙서 또한 눈에 띄지 않음은 물론이다. 아름드리 늙은 나무들이 가로수로 뽐낸다. 염소들이 머리를 높이 쳐들고 레스토랑 창문 사이로 고개를 들이밀어 화분에 난 풀을 뜯는다. 호텔 앞엔 1960년대풍의 앰버서더란 고졸한 멋을 풍기는 흰색 클래식 자동차가 서 있고, 건너편 게스트하우스 노란 벽엔 두어 대의 자전거가 세워졌다. 배낭을 멘 서구인들이 눈인사를 건네며 길거리를 누빈다.

그렇다. 누더기 천이 좁아 가족 모두가 이글대는 햇빛조차 다 가리지 못하는 거리의 천막촌 하층빈민들도, 비만 오면 질퍽대는 천막의 오두막 빈민촌도, 배고파 울어대는 어린아이를 안고 말라빠진 손을 벌려 돈을 달라고 애원하는 걸인도, 곳곳에 쌓인 쓰레기도, 자동차가 울려대는 경적과 소음 등이 없는 곳이 바로 코치다.

서양인들이 본격적으로 이곳을 들락거린 시기는 15세기부터다. 바로 향신료를 구하기 위해서다. 당시엔 냉장시설이 거의 없던 시절이다. 고기가 썩지 않도록 소금을 뿌려야 했고, 향신료를 쳐 부패하며 나는 냄새를 제거해 먹어야만 했다. 향신료는 금보다 귀하고 비쌌다. 그러니 목숨을 걸고 몇 달 혹은 몇 년씩 걸리는 항해를 통해 향신료를 찾아나섰던 것이다.

포르투갈 탐험가 바스쿠 다 가마는 1497년 포르투갈 왕의 지원을 받아 리스본을 떠나 아프리카대륙 남단의 희망봉을 거쳐 아라비아해의 인도 코지코드(Kozhikode)에 닿는 인도 항로를 개척한다. 그 후 그는 1524년까지 인도를 세 차례 오간다. 그가 마지막 인도에 갔을 때 포르투갈 왕은 그를 인도총독으로 임명한다. 그는 코치에 성을 쌓는다. 이 성 안, 즉 코치의 구도심을 포트 코친(Fort Cochin)이라 부른다.

1503년엔 성 프랜시스 성당이 세워진다. 그는 이곳에서 죽는다. 이 성당 안에는 14년간이나 그의 시신이 보관됐다가 리스본으로 운구된 자리가 지금까지 보존되고 있다. 1555년 마탄체리엔 마탄체리 궁전(일명 더치 팰리스)을 지어 이곳 번왕국에 헌납하면서 유대인이 잡고 있던 상권을 빼앗는다.

해거름이면 관광객들은 바닷가로 나간다. 포트 코친의 명물인 중국식 어망이 자맥질하며 고기잡이를 하는 이색적인 풍광을 보기 위해서다. 거미 다리 모양의 20여 미터 지주 끝에 가로세로 4-5미터 내외의 사각형 그물어망이 달렸다. 이 대형 뜰채어망을 도르레식으로 바다에 깊숙이 넣었다가 건져올려 고기를 잡는다. 큰 족대나 반두와 흡사하다. 어망을 건져올릴 땐 어부 7-8명이 붙어 밧줄을 당긴다. 건져올린 어망엔 몇 마리의 바다 고기가 잡힌다. 해안가에는 이런 낡은 중국식 어망 스무여 개가 아직도

남아 있다. 지금은 바다의 오염과 인근해의 어족 고갈로 이 어망의 고기잡
이로는 어부들이 생계를 이을 수 없다. 단지 여행자들을 위한 볼거리 제공
용에 불과하다.

관광객들은 큰 돌덩이들이 달린 그물을 끌어올릴 때 어부들과 함께 힘
을 써 줄을 당겨보는 등 체험을 통한 즐거움을 얻을 수 있다. 그리곤 어망
주인에게 되레 몇 푼의 달러를 주어야 한다. 어망이 설치된 일대엔 어시장
이 형성돼 있다. 물론 이 어망에서 잡은 고기들은 아니다. 여행자들은 어
시장에서 산 물고기를 이웃에 있는 레스토랑으로 가져간다. 레스토랑에
선 즉석요리를 해준다. 볼거리와 먹거리가 한데 어울린 멋진 관광코스로
대인기를 끄는 이유이기도 하다.

이 중국식 어망의 유래는 명(明)의 3대 영락제(永樂帝, 재위 1402-
1424) 때로 거슬러 올라간다. 영락제는 1405년 환관 정화(鄭和, 1371-
1433)에게 대선단을 꾸리게 한다. 이 대선단은 동남아시아에서 서남아

바다에서 본 중국식 어망.

시아를 거쳐 아프리카 케냐와 스와힐리에 이르는 30여 개 나라를 원정했다. 정화의 대함대의 항로는 이곳 코친을 거침은 물론이다. 이때 이곳에 광둥성 광저우식 그물을 설치한 것으로 전해진다. 정화의 대선단은 15세기 초반 세계 최대의 함대로 기록되었다. 그는 이곳 코치에 서양인 바스쿠 다 가마보다 약 90여 년 전에 닿아 명나라의 속국을 만들었던 것이다. 이처럼 코치는 유대인·명(明)·포르투갈, 그리고 네덜란드와 영국·인도 즉 동·서양 문화가 한데 버무려진 매력적인 퓨전 도시인 셈이다.

일행은 마탄체리 구역을 벗어나 성 프랜시스 성당이 있는 옛 포르투갈인과 네덜란드인 마을 즉 포트 코친으로 옮긴다.

가는 길의 2차선 도로는 너무나 말끔하게 단장됐다. 가로수는 몇 아름의 노거수로 도로 건너편 주택까지 덮어버렸다. 주택가엔 야자수가 하늘

백색 담장을 한 거리에 시멘트색을 그대로 둔 네덜란드인 묘지의 담장이 이색적이다.

찌르듯 여기저기 솟았다. 포트 코치 주변 거리는 너무 정갈하다. 백색 담과 건물, 그리고 주홍색 지붕의 호텔과 카페, 그리고 레스토랑 등 여행자를 위한 건물들이 몰려 있다.

네덜란드인 묘지가 이색적이다. 유독 이 묘지의 시멘트 담장만 원래 상태 그대로 됐다. 상당히 높은 담장 위론 여러 색깔의 만발한 장미가 뒤덮어 순백의 담장과 대칭을 이룬다. 잔디가 깔린 묘지 쇠창살 정문에 큰 자물쇠가 걸려 있다. 아름드리 야자수와 갖가지 나무숲 사이사이에 이끼 낀 석분(石墳)들이 자리해 5백여 년 흘러간 세월을 무언으로 대변해주었다. 또 숲속엔 순백의 담장과 서구풍 건물, 그리고 주홍색 지붕 등 너무도 깨끗하게 치장된 주택들이 눈길을 사로잡는다. 순백의 담장엔 컬러 포스터가 멋스럽게 걸렸고. 집 앞엔 담장을 낮췄고, 갖가지 식물을 심어 이 집을 더 돋보이게 했다.

잔디축구장을 지나자 "성 프랜시스 성당(St. Francis Church) 0km, →바스쿠 다 가마 광장(Vasco da Gama Square) 0.2km"란 큰 입간판이 앞을 가로막는다.

21

성 프랜시스 성당과 중국식 어망

인도 최초의 유럽형 교회인 성 프랜시스 성당(St. Francis Church). 1503년에 포르투갈이 코친에 세운 목조건물이다. 건설 당시엔 성 안토니아 성당으로 불렸다. 1506년에는 벽돌 건물로 다시 개조된다. 그 후 프랜시스 수도회에서 운영을 맡으면서 지금까지 이어진 성 프랜시스 성당이란 명칭으로 바뀐다.

이 성당은 코친이 네덜란드의 지배를 받을 17세기 중반 이후는 개신교 교회로, 18세기 들면서 영국의 통치하에 놓이자 영국 성공회 소속의 교회가 된다. 이후 이 교회는 인도가 독립하기 전까지 영국 성공회의 인도본부 역할까지 겸한다. 성 프랜시스 성당이 유명하게 된 배경은 바로 1597년 인도항로를 개척한 포르투갈 탐험가 바스쿠 다 가마(Vasco da Gama, 1946-1524)의 시신이 이곳에 14년간 묻혀 있었기 때문이기도 하다. 그는 1524년 세 번째 이곳에 와 포르투갈의 인도총독으로 임명된다. 그해 크리스마스이브에 숨을 거둔다. 그리고 시신은 이 교회 안에 안치된다. 그 뒤 고국인 포르투갈 리스본 남부 벨렘으로 운구, 제로니모 수도원(Monastery of Jeronimos)에 안장되었다. 이 교회 안 오른쪽 벽에 새겨진 그의 벽 묘비와 인물화, 그리고 옛 사진 등은 아직도 보존되었다. 또 그가 묻혔던 자리도 묘비 아래 직사각형 링을 만들어 그대로 함께 남겨뒀다.

교회 내부는 로코코 양식으로 천장이 아주 높다. 천장은 돔형이다. 내부는 상당히 화려하게 꾸며졌다. 지금도 일요일이면 인도의 전통의상인 사

포트 코치에 있는 성 프랜시스 성당.

바스쿠 다 가마의 묘비와 인물화.

로코코 양식의 프랜시스 성당 내부. 돔형 천장이 아주 높다.

리를 걸친 드라비다족 여인들이 예배를 보러 모여든다. 교회 주변엔 바스쿠 다 가마의 이름이 붙은 광장과 서점, 그리고 호텔 등등의 간판을 볼 수 있다.

포트 코치 해안의 중국식 어망

교회를 지나 잔디가 깔린 학교 운동장을 지나 조금만 걸으면 포트 코친의 해안이 나타난다. 바로 코친의 명물인 중국식 어망 구역(Kochi Fishing Area)이다. 이 해변 따라 길게 집채 크기의 중국식 어망 스무여 개가 바닷가에 남아 있다.

이 중국식 어망의 구조는 특이하다. 모래사장에서 바닷속 20여 미터까지 긴 직사각형으로 나무기둥을 고루 박고, 그 나무기둥 위를 연결해 막대기를 깔아 그 위에 판자를 얹었다. 어부들이 작업을 할 수 있는 공간이다.

바닷속 가장 바깥쪽 기둥 위엔 V자형의 구조물이 설치됐다. V자형 구조물은 위쪽이 묶인 사다리 모양이다. 바닷속으로 향한 사다리 모양의 긴 구조물은 끝을 묶어 역V자형 즉 ∧모양을 이룬다. 나무막대를 이어 만든 것도 있고, 쇠막대로 만든 지지대도 있다. 막대 길이는 15미터 내외다. 그 막대 끝엔 길게 이어붙인 네 개의 나무막대를 함께 묶어 아래쪽을 사각으로 벌렸다. 그리곤 각 나무막대 끝에 그물을 달았다. 반대편인 모래사장 쪽 구조물 또한 길게 이어붙인 나무막대로 끝이 묶인 ∧형 사다리 모양으로 만든 지지대다. 길이가 20미터에 가깝다. 그 끝 묶인 부분에 여러 갈래의 긴 굵은 밧줄을 달아 바닥으로 내려뒀다. 또 두어 줄의 밧줄엔 아름드리 돌덩이를 드문드문 묶어 달았다. 그물을 당겨 올리기 수월하게 한 장치임은 물론이고. V자형 구조물에 묶인 밧줄을 당기면 어망이 공중으로 들어올려진다. 반대로 밧줄을 놓으면 어망은 바닷물 속으로 잠기며 모래사장 쪽 구조물이 하늘로 들어올려진다.

이렇게 V자형 구조물을 당겨 올리고, 내리고를 반복하면서 고기를 잡는다. 이 작업을 계속하면 바닷물 속에 담긴 그물이 올라갔다 내려갔다 하면서 자맥질하는 모양새를 보인다. 이 작업을 하려면 장정들 대여섯 명이 긴 밧줄을 당겼다가 놓았다가를 반복해야 한다. 이 어망이 설치된 곳엔 검은 피부를 가진 건육질의 드라비다족 장정 어부들이 늘 북적이며 대기한다. 요즘은 그물을 한 번 들어올려봐야 잡히는 어획량이 너무 적어 이 수입으론 생계를 이을 수 없음은 물론이다. 힘들게 그물을 당겨올려봐야 고작 팔짝팔짝 튀는 손바닥 크기의 물고기 몇 마리가 전부다. 이제 그들은 이곳을 찾는 관광객에게 고기잡이 체험을 도와주고 받는 팁이 수입의 대부분을 차지한다.

물론 우리 일행도 고기잡이 체험을 해본다. 아름드리 돌덩이를 드문드문 묶은 밧줄은 힘이 덜 들도록 하지만 일행 다섯 명이 당겨서는 그물이 제대로 바닷속에서 떠올라올 턱이 없다. 고비 때 옆에서 대기하던 장정 두서넛 명이 동참해 밧줄에 힘을 주어 당기니 쉽게 그물은 공중으로 붕 떠오른다. 힘을 쓴 일행은 바다쪽 끝 V자형 구조물 거치대에 앉아 땀을 닦는다. 때맞춰 불어오는 바닷바람으로 처음 해본 고기잡이 체험의 즐거움이 한껏 부풀어오른다. 일행의 얼굴엔 웃음꽃이 피어났음은 물론이고.

중국식 어망의 유래

하나는 중국 명나라 설이다. 1405년 남해원정단이란 대선단을 꾸려 제독으로 활약한 명나라 환관 정화(鄭和)는 『천비지신령응기(天妃之神靈應記)』란 책에서 다음과 같이 적었다. "일찍이 크고 작은 30여 나라를 찾아, 십만 리 바닷길을 다녔네. 망망대해에서 산처럼 큰 파도가 하늘을 엎을 듯이 몰아쳤다네. 보이느니 안개 자욱하게 덮인 바다와 틈틈이 낯선 이국의 풍경이라네. 돛을 높이 올려 밤낮으로 바다를 달리니, 파도가 뱃전을 때리고. 그 파도를 우리 배가 뛰어넘었네."라고.

정화의 대선단은 15세기 초반 세계 최대의 함대로 역사는 기록한다. 그는 7회에 걸쳐 남해 원정을 했던 인물이다. 당시 대선단 보선(寶船)의 규모는 길이 137미터·선폭 56미터로 돛대가 9개나 달린 거대한 배라는 게

중국식 어망이 바닷물 속에 잠겨 있는 모습(위)과 어망을 당겨 올려놓은 모습(아래).

증명된다. 1405년 소주를 출발한 제1차 원정선단은 보선만 62척에 달했다. 선단의 총 척수는 317척이며, 27,800명의 수병이 분승해 출정한다. 이들은 말라카해협에서 해적을 격파한다. 인도 서안의 캘커타에 닿아 진국비(鎭國碑)를 세운다. 1431년 마지막 원정 때는 사우디아라비아의 메카까지 진압하고 아프리카 케냐의 스와힐리 해안까지 항해했다. 정화의 남해 원정은 중국인의 남해에 대한 인식을 새롭게 했다. 또 동남아에 화교의 숫자를 늘리는 데도 기여한다. 또한 중국의 문물을 심는 데도 큰 기여를 했다.

또 다른 설은 칭기즈칸 손자로 몽골제국 5대 칸, 원(元)의 세조 쿠빌라이(Khubilai Khan, 忽必烈, 1215-1294)시대인 1248년 그의 군대가 이곳을 원정해 중국식 어망을 남긴 것이라는 주장도 있다. 쿠빌라이는 몽골제국 4대 칸 몽케의 동생으로 1248년대에는 실권도 없는 한 장수에 불과했다. 몽케가 칸에 오른 1251년 쿠빌라이를 막남한지(내몽골지역) 구국서사란 직책에 임명해 외지로 쫓아내버린다. 1259년 몽케가 남송(南宋) 원정 중 사망한다. 이를 틈 타 그는 1260년에야 몽골제국 5대 칸에 오른다. 이런 역사적인 상황으로 봐 1248년 쿠빌라이의 군대가 남인도까지 원정할 수도 없었을 뿐만 아니라 코친에 중국식 어망을 세워줄 수도 없었던 게 분명하다. 아무튼 이 중국식 어망은 광동성 광저우식 그물이라고 전하지만 지금 광저우에서는 이런 어망은 아예 찾아볼 수 없다. 단지 나그네는 2007년 6월 하순 중국 장강삼협 뱃놀이 때 물 맑기로 이름난 대령하란 강에 설치된 이 같은 그물을 본 적은 있다.

중국식 어망이 있는 해변 모래사장엔 물고기 잡는 작은 보트들이 보기 좋게 나란히 정렬된 채 물에 떠 있다. 또 그물 주변엔 물고기를 좌대에 진열해놓고 파는 어물전이 여러 곳이다. 물론 이들 물고기는 이 그물에서 잡은 게 아니고 배를 타고 아라비아해로 나가 잡아온 것임은 말할 나위도 없고, 큰 새우 종류도 많이 잡아 좌판을 장식한다.

아침나절엔 어판장에서 도매행위가 이루어지기도 하고. 또 인근에 여러 곳의 레스토랑도 성업 중이다. 이들 업소는 관광객이 사온 물고기를 즉석에서 요리해준다. 일행은 시간에 쫓겨 이를 먹어보지 못한다. 하긴 큰 새우를 요리해놓으면 의당 술이 있어야 하는데, 술은 자동차에 둔 가방 속에 있으니 아쉽지만 포기하고 만다.

어느 사이 오후 4시다. 서둘러 숙박지 알레피로 이동해야 한다. 자동차로 1시간 30분가량 걸리는 거리다. 퇴근 러시아워에 걸릴까봐 아샤 양이 서두른다.

코치 시내를 빠져나오면서 장례행렬과 마주친다. 시신을 실은 운반기구는 바퀴가 달린 직사각형의 수레 모양이다. 수레에는 멋진 치장을 했다. 사방이 창으로 돼 있고, 지붕은 황금색이다. 지붕 위엔 꽃송이들이 얹혔고. 장례식에 참석한 이웃들이 이 수레를 밀며 장지로 간다. 장례행렬은 상당히 길게 이어졌다. 통행하는 차량들도 이 행렬이 잘 지내가도록 배려하는 모습들을 볼 수 있었다. 사자를 마지막으로 보내는 엄숙한 의식은 그 형태가 다를 뿐 어디나 마찬가지다.

22
알레피

코친에서 알레피(Alleppey)로 가는 육로는 47번 국도를 탄다. 윌링던 아일랜드를 건너 인도대륙 서남쪽 해안 가까이 뻗은 도로다. 케랄라주는 코친이 아니더라도 환경이 깨끗하고 기반시설이 잘 갖추어졌다. 알레피까지는 62킬로미터. 자동차로 1시간 30분 거리다.

왕복 4차선과 2차선이 연이어진 47번 국도 또한 말끔하게 포장된 도로다. 중앙분리대엔 키 낮은 나무와 가로등 전봇대가 서 있고, 도로 차선도 흰 페인트로 잘 도색됐다. 도로 양쪽엔 야자수와 열대림이 우거졌다. 이 숲속엔 자연과 어울리는 나지막한 호텔들이 엎드려 그 모습을 드러내기도 했고. 알레피는 아라비아해와 뱀바나드 호수에 낀 사주(砂州) 즉 모래섬 위에 자리했다. 아라비아해에서 등대가 가장 먼저 세워진 도시다. 운하와 아름다운 내륙수로와 작은 늪(Lagoon: 석호)이 퍼져 있는 '동양의 베니스'라고 불리는 곳이다.

숙소인 아카디아 리젠시 호텔엔 예정시간에 맞춘 듯 오후 5시 30분에 도착한다. 여장을 풀곤 정 사장님과 둘은 얼른 알레피 시내 관광에 나선다. 하늘에 먹구름이 뒤덮였다. 사방이 컴컴해지기 시작한다. 오후 7시, 전깃불 켤 시간이 아닌데도 가로등과 상점에 불이 켜진다.

알레피 중심가엔 퇴근하는 인파와 자동차·오토바이로 넘쳐난다. 호텔에서 중심가까지는 도보로 10여 분 거리. 코친의 중국식 어망 거리에서 놓친 물고기 요리와 술이 떠올라 발길이 저절로 빨라진다. 시장을 찾으면

47번 국도.

먹구름 사이로 해가 보이고, 야채 가게엔 전깃불이 켜졌다.

맛있는 안주와 술을 마실 수 있을 것이란 큰 기대 속에 물어물어 들어간다. 시장 안을 뒤졌으나 음식점이나 주점은 찾아볼 수 없다. 허탕에 발길이 무겁기 짝이 없다. 하는 수 없이 호텔로 돌아와 바(Bar)를 찾는다. 3성의 비즈니스호텔인 데다 객실 수도 적어 바는 텅 비었고, 손님을 맞는 종업원도 보이지 않는다. 고함을 치자 종업원이 달려나왔다. 알코올 8도짜리 인도 맥주의 대명사인 킹피셔(Kingfisher)를 주문한다. 거품 가득한 첫 잔을 들고 "남은 여정이 무사하고 행복하기 위해!"라면서 잔을 부딪치는 순간 하늘에서 축배를 위해 팡파르를 울려주듯 "우르르~ 쾅쾅~" 천둥번개가 치더니 기어이 굵은 빗줄기를 쏟아낸다. 시원한 바람이 빗줄기 사이사이를 파고들면서 유리창을 두드린다. 비는 두 시간여 이어진다. 이 같은 분위기를 두고 어찌 술자리를 파할 수 있으리오! 술병 수가 늘어남과 비례해 밤도 점점 깊어만 간다. 그렇다. 남인도 여정 엿새 만에 처음 만난 비다. 어찌 반갑지 않으리.

하우스 보트놀이

내일 일정은 이번 여정의 클라이맥스다. 인도의 베니스라 불리는 이 나라 최대 벰바나드 호수의 좁은 내륙수로에서 하우스 보트(House Boat)를 타고 즐기는 뱃놀이다. 이 여정은 키 큰 코코넛나무가 하늘을 가린 좁은 둑 사이 수로에 펼쳐진 남인도 자연의 너무나도 아름다운 정취를 여유롭게 만끽하는 느림의 시간들이다. 케랄라주엔 아라비아해 연안 즉 말라바르 해안에 소금기를 머금은 물이 찬 늪과 호수가 띠처럼 길게 뻗었다. 이를 두고 케랄라 내륙수로라 부른다. 이 백워터는 5개의 큰 호수가 운하로 연결되었다. 이들 호수에는 서고츠산맥에서 발원해 서쪽 아라비아해 쪽의 급경사면을 흘러내리는 38개의 강이 물을 공급해준다. 40여 개의 강에서 흘러내리는 급류는 해안 쪽 낮은 지상의 모든 장벽들을 허물어버린다. 그리곤 자그마한 섬들을 만들어낸다. 이같이 긴 세월에 걸쳐 해류와 파도의 작용으로 백워터가 만들어졌던 것이다. 이 백워터는 케랄라주(길이의 절반에 가까운 9백 킬로미터에 이른다. 그러니 이 구간에는 운하와 강 호수, 그리고 좁은 수로로 연결된 하나의 네트워크가 형성될 수밖에 없다. 즉 미국 남부지방의 광활한 늪지대 에버글레이즈(Ever Glades)를 방불케 할 정도로. 이 백워터의 중심지역은 알레피·코타얌(Kottayam)·콜람(Kollam) 등의 도시가 꼽힌다.

콜람 ↔ 코타푸람

케랄라주 내륙수로 유람 시발점인 북쪽의 코친과 쿠마라콤, 그리고 남쪽의 종점 퀼론(Quilon: 일명 콜람) 사이에는 많은 도시와 마을들이 형성돼 있다. 특히 내륙수로 유람선여행 중 콜람에서 코타푸람 간 205킬로미터의 국가수로(National Waterway) No. 3는 이 지방 대부분의 화물과 관광객을 나르는 대표적인 수로코스 중 하나다. 백워터의 수로들은 케랄라주의 남부 해안선과 평행선을 그으며 나란히 뻗었다. 아라비아해에서 유입되는 바닷물을 차단하기 위해 보를 막아 독특한 생태계를 유지시키기도 한다. 그 대표적인 보가 쿠마라콤 근처의 벰바나드 카얄(Vembanad Kayal)이다. 보 안의 이 신선한 물은 음·농 용수 등으로 다양하게 이용된다. 백워터 내 벰바나드 호수는 길이가 96.5킬로미터, 평균 폭이 14킬로미터, 평균 깊이가 12미터에 달한다. 총면적은 제주도(1,848㎢)보다도 넓은 2,033제곱킬로미터다. 이 호수는 코치의 신시가지인 어나쿨람·코타얌, 그리고 알레피에 이르는 광대한 지역에 걸쳐 있다. 포트 코친은 벰바나드 호수의 외곽인 아라비아 해안에 자리했다.

상쾌한 알레피의 아침

알레피에서 이 여정 7일째 아침을 맞는다. 10일간 여정 중 벌써 3분의 2가 눈 깜짝할 사이에 지나가버렸다. 아니 남은 3일 중 하루는 귀국하는 여로에 소비되기에 8할을 보낸 셈이다. 알레피의 아침은 상쾌했다. 어젯밤 내린 세찬 비가 가득한 매연은 물론 많은 쓰레기도 쓸어가버렸다. 촉촉하

레이크 앤드 라곤 선착장에서 바라본 수로와 다리.

게 젖은 아침의 거리도 깨끗하게 느껴진다. 일행이 묵은 호텔은 백색 페인
트를 칠한 건물이라 더욱더 선명하게 돋보인다. 벽에 붙인 대형 간판들도
말끔하게 천연색을 다 드러낸다. 이날은 오전 10시 30분부터 일정이 시작
되기에 더욱 느긋해진다.

　오전 7시에 일어나 숙소 주변의 거리를 훑는 여유도 부린다. 아침에 만
난 한 노인은 나그네가 카메라로 이것저것 사진을 담자 "마이~(my~)"라
면서 자신을 찍어줄 것을 부탁하기도 한다. 이곳은 코코넛 껍질을 이용한
가내수공업이 발달한 도시다. 단지 이곳에 내륙수로가 없었다면 자그마
한 읍촌에 머물고 말았으리라. 이 내륙수로 여행 때문에 많은 관광객이 몰
려들어 도시의 규모도 확대되고 있으며, 활기찬 모습으로 바뀌고 있다.

　알레피 시내를 거쳐 내륙수로 유람(Backwater Trip)의 한 지점인 하우
스 보트 선착장을 향한다. 어젯밤 거닐었던 중심가도 상큼한 모습을 보인
다. 비록 포장도로가 군데군데 패여 흉물스럽긴 했지만 먼지가 일어나지

않으니 말이다.

이 도시 주정부 집권당의 사무실 건물엔 붉은 깃발이 나부낀다. 케랄라주는 인도의 주(州) 정치사상 최초로 좌파인 마르크스주의 공산당(CPIM)이 집권한 곳이다. 케랄라주 공산당 정부는 1957-1959년에 첫 집권을 했다. 그들은 지금도 주민들의 투표로 집권을 하고 있다. 그래서 붉은 공산당기가 펄럭여 눈길을 사로잡는다. CPIM이 집권하고 있는 주는 케랄라주 외에도 주도(州都)가 콜카타인 서벵골주다. 두 주의 인구를 합하면 무려 1억 명이 넘는다. 중심가 또한 고층건물은 거의 눈에 띄지 않는다. 2-4층의 건물들이 대부분이다. 자동차보단 오토바이가 훨씬 많다. 숲속을 차지한 이 도시는 인구 3백만 명을 넘긴 대도시 코치와는 비교가 되지는 않지만 활기찬 모습이 인상적이다.

붉은 깃발이 내걸린 케랄라 주정부 사무실 앞 도로.

알레피 내륙수로 유람 선착장은 들판이 펼쳐진 교외로 빠져 20여 분 만에 닿는다. '레이크 앤드 라곤(Lakes & Lagoons)'이라는 글씨가 큰 검은 돌판에 대문자로 멋스럽게 쓰였다. 비록 돌판의 한 모서리가 부서지긴 했지만. 땅바닥에 벽돌을 깐 상당히 넓은 주차장이 자리했고, 말쑥한 2층 시멘트 건물인 선착장 관리사무실은 수로 옆에 위치했다.

　수로엔 수백 척의 하우스 보트가 정박해 관광객을 기다린다. 가이드 아샤 양이 관리실 안으로 들어간다. 일행이 탈 계약된 하우스 보트를 관리직원과 함께 챙긴다. 그동안 나그네는 대나무로 짠 안락의자에 앉아 수로를 가득 메운 이상한 풍뎅이 모양의 하우스 보트 외관을 보면서 내부는 어떤 모습일까 상상해본다.

　일행을 태우고 온 자동차 기사가 다가와 나그네와 함께 사진 찍기를 요청한다. 그는 힌두교인이지만 순수한 드라비다족 혈통 소유자가 아니다. 피부도 드라비다족보다 덜 검고, 콧대도 높다. 키도 아주 큰 데다 멋있는 구레나룻의 미남 혼혈인이다. 그는 스스럼없이 시계를 낀 왼팔을 나그네 어깨에 얹는 등 친밀감을 표시한다. 그를 남기고 일행은 수로로 향한다.

23
알라푸자 수로유람

　알라푸자 수로유람(Backwater Trip)은 『내셔널지오그래픽』지(誌)가 선정한 꼭 가봐야 할 세계의 50곳 중의 하나다. 『내셔널지오그래픽』지는 125년의 역사로 세계적 명성을 가진 다큐멘터리 잡지다. 23개국에서 동시 출판되는 국제적 잡지이다. 이 잡지가 뽑은 여행지라면 더 이상 설명을 덧붙일 필요가 없음이 분명하다. 신이 소유한 나라, 케랄라를 지상낙원으로 분류했으니 말이다.

　알레피 수로유람 선착장. 레이크 앤드 라곤 수로의 물빛은 기대에 못 미치는 약간 탁한 녹색이다. "쪽빛이나 에메랄드 그린이리라!"라고 믿었던 바람이 스르르 무너진다. "혹 어젯밤에 내린 억수같이 퍼부은 소낙비 탓은 아닐까?"라며 나그네 혼자 스스로 억지(?) 위안의 해석을 해본다. 그러다가 멋있게 장식한 하우스 보트들이 수로를 가득 메워 흥미를 자아내는 바람에 물빛에 대한 아쉬움은 바로 지워져버린다. 보트의 모양새가 한 척도 꼭 같은 게 없으니 말이다. 하우스 보트. 이 보트는 고급 숙박시설을 갖추어 관광객을 맞이한다.

　이 보트를 '케투발람(Kettuvallam)'이라고 부른다. 육로와 철도가 발달하기 전의 지난 시절엔 내륙수로를 통해 쌀과 향신료·생활필수품 등을 실어 나르던 해상화물 운반의 중추적 역할을 해왔던 배다. 세월의 변천은 모든 걸 다 바꾼다. 그래서 불가에선 제행무상(諸行無常)을 핵심적인 교리로 말하지 않던가. "십 년이면 상전(桑田)이 벽해(碧海)가 된다."는 우리의 속담도 이 범주에 넣을 수 있을는지? 이들 화물선도 이젠 낭만을 즐기려는 관광객들을 태워 돈벌이 수단의 수로유람선으로 끝내 변신하고 말았으니.

케투발람

'케투발람'이라 불리는 하우스 보트는 화물선에다 대나무와 코코넛 껍질을 엮어 벽과 지붕을 만들어 붙인 우아하고 독특한 모습이다. 실내는 에어컨이 달린 침실과 화장실, 샤워시설과 취사시설은 물론 멋진 라운지 등이 구비된 휴게 공간까지 갖췄다. 이 보트들의 전체 외관은 마치 움츠린 풍뎅이와 비슷한 특이하고 멋스런 모양새라 눈길을 사로잡는다. 코코넛 껍질로 짜 만든 벽에는 갖가지 모양의 창문을 내 채광과 아름다운 수로 주변의 풍광을 만끽할 수 있도록 만들었다. 뱃머리는 모두 비상하다 갑자기 물속에 파고들어 고기를 낚아채는 가마우지의 날쌘 유선형 머리를 닮

수로 양쪽엔 많은 수의 케투발람 선이 관광객을 기다리며 정박해 있다.

알레푸자의 아름다운 수로를 떠가는 일행이 탄 케투발람 선.

은 형상이다. 이 배의 선원은 대략 4명 내외. 선장과 요리사, 그리고 보조 선원이다. 유람 코스별로 배의 크기와 선원 수도 달라진다.

수로에서 케투발람을 이용해 하루 또는 여러 날 숙박하며 여행하는 코스의 배는 규모가 굉장히 크고 멋지다. 8시간짜리 수로여행 코스, 그리고 6시간 또는 4시간 코스 등 다양하다. 물론 여러 팀의 관광객을 아울러 운행하는 값싼 대·중·소형의 유람선도 있다. 값싼 유람선은 단지 햇볕을 막는 그늘막과 의자 등 간편한 시설만 갖추었다.

일행에게는 4시간짜리 수로여행 코스가 마련됐다. 일행이 탄 케투발람도 중간 크기의 하우스 보트에 해당된다. 선장과 요리사, 그리고 보조선원 등 3명이 일행을 수발한다. 이들의 환영을 받으며 배에 오른다.

선장은 머리가 하얗다. 그러니 흰머리가 건장한 체구에 어울리지 않는다. 그는 굵은 코코넛나무에 묶어놓은 밧줄을 풀고 선수에 놓인 선장석에 앉아 키를 잡고 조정한다. 그제야 일행이 탄 케투발람이 수로 중심으로 천천히 뒷걸음질친다. 선착장 주변 수로만 케투발람이 메운 게 아니다. 수로 양쪽으로 뻗은 제방에는 크고 작은 케투발람이 때론 겹겹이 정착해 있어 그 수를 헤아릴 수조차 없다. 양쪽 제방에는 키 큰 코코넛나무들이 하늘을 가리며 우거졌다.

그 숲 사이사이에 멋지게 지은 교회 건물과 단층 서양식 건물들이 들어섰다. 교회 건물의 양식 또한 특이하다. 1층 높이의 예배공간 복판에 십자가를 세긴 뾰족 건물이 솟았다. 그럼에도 이 높이는 코코넛나무 높이를 넘지 않는다. 주위 자연경관과 멋들어진 조화를 이뤄낸 것이다. 벽체는 순백, 그리고 1층 지붕과 뾰족 건물의 지붕은 연주황색 페인트를 칠해 너무도 산뜻하게 보인다. 수로를 더 오르자 원주민들의 주택이 수풀 속에서 드러난다. 물가엔 굵고 긴 나무들을 박아 그 사이 그물을 쳐 오리 등 가축을 기르기도 한다. 비록 수로의 물빛이 맑지는 않지만 오전이라 제방 숲의 푸른 그림자가 비치면서 한결 진한 녹색으로 바뀌어 그나마 흥취를 돋구어준다. 10여 분을 오르자 수십 척의 케투발람이 제방 쪽을 메웠다. 어떤 배 지붕 위엔 태양열 발전판을 얹어놓은 모습도 보인다. 어떤 배는 우리 배처럼 떠나고, 어떤 배는 수로를 돌아 다시 정박할 준비를 서둔다.

일행이 탄 케투발람은 선수(船首)의 선장석 뒤편과 라운지 사이에 고급스런 천을 깐 상당히 넓은 공간이 있다. 그곳에는 안석과 팔걸이 베개가 놓였다. 수로 전방을 한눈에 바라볼 수 있는 확 트인 공간이라 처음엔 일행이 이곳을 선호해 자리를 잡는다. 안석에 기대거나 베개에 비스듬히 누워 수로 전방과 주변의 빼어난 경관을 즐긴다. 해가 중천에 가까워지면서 햇볕이 쏟아져 들어오자 그제야 라운지로 물러난다. 그 공간은 일행의 소지품을 놓아두는 자리로 바뀌고, 라운지에는 고급스런 안락의자들이 선내 휴게 공간 중앙을 차지했다. 또 그 뒤로 식탁이 놓였고, 침실과 취사실을 구분하는 흰 벽이 가렸다. 천장까지 막은 흰 벽 위쪽엔 예수 그리스도의 사진이 걸렸다. 휴게 공간 천장엔 세 개짜리 큰 날개가 달린 선풍기가 천천히 돌면서 바람을 일으키고. 침실은 상당히 고급스럽다. 물론 화장실과 샤워 시설이 갖춰졌고, 양쪽 벽에 창문을 내어 사방 경치를 누워서도 감상할 수 있는 구조다. 취사실은 선미 쪽에 자리했다.

일행은 선내 여러 곳을 옮겨가면서 수로와 주변의 미관을 살핀다. 앉고 싶으면 앉고, 비스듬히 기대고 싶으면 몸은 누이고…. 너무나 평온하고 여유로운 휴식을 겸한 관광이다. 특히 벽체에 난 창문을 통해 내다본 주변 풍광은 더욱더 가슴에 꽂힌다. 노련한 선장은 한 손으론 우산을 받쳐들고 햇볕을 가리고 한 손으로 천천히 키를 조종한다.

코코넛나무가 축축 처진 넓은 수로엔 오가는 크고 작은 케투발람이 느리게 스쳐 지나간다. 여느 배에서도 사람의 소리는 물론 음악소리도 들리지 않는다. 수로를 타는 배는 모두 조용하다. 단지 딴 배를 탔지만 눈이 마

케투발람의 창문 통해 바라본 교회건물 등 주변 환경은 완전히 이국적인 모습을 보인다.

주칠 땐 "멋진 여행에 빠져보세요!"라는 듯 손을 흔드는 게 고작이다. 물이 흐르는지, 배가 흘러가는지조차 느낄 수 없는 무아지경이다. 그렇다. 진정 이 여정이야말로 느림의 여행이며, 행복을 느낄 수 있는 여행이라는 걸 그제야 깨닫는다. 일행 어느 분의 얼굴에도 궂은 그림자 없이 해맑게 바뀐다. 다 함께 자연과 어우러진 일체감을 만끽하면서. 넓어졌다가 좁아졌다가 다시 넓어지고, 굽었다가 휘어지는 수로는 끝없이 뻗었다. 하긴 이 수로의 길이가 900킬로미터라고 하지 않던가. 건너편 제방 쪽엔 원주민 마을이 자리했다. 이들이 노를 저어 뱃길에 이용하는 좁고 긴 나무 보트가 매였고, 몇 명의 주민들이 물속에 들어가 무슨 작업을 하는 모습도 보인다. 거리가 멀어 어떤 일을 하는지는 알 수 없다. 그들의 회관 비슷한 건물은 창문 벽에 가렸고, 많은 주민이 그늘에 앉아 쉬기도 하고, 젊은 청년들은 손에 무엇을 잡고 매만지기도 한다.

주황색 페인트를 칠한 주택이 들어선 제방 뒤쪽으로 넓은 숲과 농경지가 펼쳐졌다. 논엔 벼가 푸름을 한층 더 자랑한다. 주민들의 주택은 깨끗하게 도색된 콘크리트 건물들이다. 주황색 지붕에 담장과 벽은 남색에 가까운 비취색을 입혔다. 이들 색깔은 약간 탁한 녹색의 수로 물빛을 맑고 깨끗하게 보이는 데 큰 몫을 한다.

굽거나 휘어진 수로변 제방에 들어선 이들의 주택은 주황색·빨간색, 그리고 밝은 쪽빛과 흰색이다. 수로의 물빛과 코코넛나무와 열대성 수림, 그 주변 건물의 색깔 조합은 그들의 미적 감성이 어느 정도인지를 가늠하기에 모자람이 없다. 양철지붕만 가리고 벽체가 없는 주민들의 선착장 건물엔 수십 명이 빼곡히 들어차 앉아 있다. 그 옆엔 주황색 고깔지붕을 한 팔각형 노란 건물이 자리했고, 고깔지붕 위엔 코코넛나무 높이로 노란 깃발이 나부낀다. 그들은 배를 기다리는지 아니면 그 건물에서 치성을 올리고 휴식을 취하는 중인지 궁금증을 불러일으킨다. 엔진이 달린 케투발람이지만 소리도 없이 그렇게 만물의 조화 즉 물아일체를 이루면서 물 위를 자꾸자꾸 흘러만 간다.

24
방갈로르를 향하여

느림의 여행, 수로유람 여정도 끝났다. 수로 선착장 레이크 앤드 라곤엔 운전기사 혼자서 무료한 시간을 보내다가 일행을 반갑게 맞는다. 일행은 차에 올라 다시 코치로 향한다.

코치의 어나쿨람 정선 기차역(Ernakulam Jn. Railway)에서 오후 8시 35분 밤기차를 타고 카르나타카주의 주도(州都) 방갈로르로 가야 한다. 방갈로르는 통과의례에 불과한 도시다. 14-17세기 중반 남인도 지방을 지배했던 비자야나가르왕국(1336-1649)의 뒤를 이어 인도가 영국으로부터 독립할 때까지 370여 년 이어진 마이소르왕국 수도 마이소르로 가기 위해 거쳐갈 뿐이다.

마이소르는 코치에서 육로를 이용해 자동차로 가면 방갈로르보다 더 가깝다. 그럼에도 여행사 측은 더 북쪽에 있는 방갈로르에서 다시 육로로 남하해 마이소르로 가는 여정을 택한 것이다. 이는 여행사 측의 교통비 절약이란 고육지책이라 믿어진다. 아무튼 코친으로 다시 돌아간다는 건 마음 설레는 일임에 틀림없다. 코친 시내로 진입하는 시간을 포함해 야간열차를 타는 시간까지는 불과 5시간 정도 남았지만 말이다. 좀더 머물고 싶은 마음은 굴뚝 같았으나 짜인 일정을 쫓다보니 짠한 마음으로 떠나야만 했던 곳이기 때문이리라. 그 사이 코친이라는 말끔한 도시를 마음에 더 담으리라 다짐한다. 다시 돌아와 봐도 코친은 아름다운 도시임에 틀림없다. 키 큰 코코넛나무와 열대 관상수림이 가득한 가운데 건물과 도로 등이 조화를 이뤘다. 도로차선도 말끔히 도색되었다. 주택이나 상가 건물의 외관 도색도 주황색과 흰색 위주다. 크리스천이 30퍼센트에 가까워 교회가 많은 도시지만 스쿠터 뒷자리엔 검은 천 옷에다 차도르를 쓴 이슬람 여인이 보이기도 한다. 또 힌두교인과 불교신자도 섞였음은 물론이다.

어나쿨람 시내로 진입하면서 도로는 자동차와 오토바이로 넘쳐난다. 소형 승용차를 비롯해 대형 탱크로리는 물론 트레일러 트럭까지 도로를 꽉 메운다. 멀리 고층건물이 보이는 걸 보니 중심가 진입이 멀지 않은 모양이다. 차량들이 내뿜는 매연에 찌들지 않을 방법이 없다. 뿌연 대기로 날씨가 흐린 것처럼 보일 정도다. 퍽 안타깝다. 이 아름다운 도시를 맑고 깨끗하게 지켜낼 묘안은 없을까?

어나쿨람 시가지엔 콘크리트 건물이 가득할 뿐 숲이 적으니 공해가 더 심하게 느껴진다. 고층아파트군이 시야를 가린다. 신축 고층아파트 공사

월링던 아일랜드 해협을 낀 해변거리.

장도 여기저기 눈에 띈다. 드디어 윌링던 아일랜드가 보이는 3번 국가수로(National Waterway 3) 해협이 보인다. 이 섬 연안엔 거대한 크루즈 선박과 군함이 정박해 있고, 이 국가수로엔 승객을 태운 큰 여객선이 오간다. 해협 도로변엔 중국식 어망과 "Now in Kochi"란 글귀를 새긴 대형 그림판이 눈길을 붙잡는다. 그렇다. 중국식 어망은 코친의 상징물이 아니던가. 어망이 들어선 코친항으로 가서 생선요리로 시원한 맥주 한 캔 마셨으면 하는 마음이 울컥 인다. 그러나 시간 관계로 구도심인 포트 코친과 마탄체리엔 들어가지 않는다. 항만과 해군기지를 가진 윌링던 아일랜드를 바라볼 수 있는 3번 국가수로 해변에서 시간을 보낸다.

차량통행을 막은 이 해변 거리는 오래된 나무들이 그늘을 만들어 휴식처를 제공한다. 벤치도 여기저기 설치해뒀다. 관광객뿐 아니라 코친 시민들도 저녁나절 이곳에서 즐기는 이들이 많다. 거리의 바닥은 아주 매끄러운 주황색 블록을 깔았고, 아름다운 화단을 갖춘 고층아파트가 바다를 보고 들어섰다.

아라비아해 낙조

어느덧 윌링던 아일랜드 뒤쪽 아라비아해에 걸쳐진 해가 설핏해질 무렵이다. 수면과 한 뼘 정도 거리를 두고 검은 구름덩이들을 벌겋게 취하도록 만들면서 해넘이 준비를 서둔다. 낙조가 드리워진 바다 또한 차츰 핏빛으로 바뀌어간다. 잊지 못할 풍광이다.

이 해변거리는 고층아파트군이 끝나면서 공원이 이어진다. 연인들이 거니는 모습도 보이고. 숲속에 외롭게 들어선 전면이 푸른색 유리로 단장된 고층빌딩 또한 석양으로 금빛을 띠기 시작한다. 풍선을 들고 아빠 손에 안긴 아기를 비롯한 가족의 저녁 나들이 또한 차츰 늘어난다.

세대별로 에어컨이 모두 달린 고층아파트. 설계나 공사 솜씨도 훌륭하고 말끔하다. 층마다 반원형 발코니를 갖춰 아름다운 해협을 조망할 수 있도록 지었다. 연주홍색의 이 아파트도 붉게 타오르는 여휘(餘暉)를 받아

윌링던 아일랜드 해협에 석양이 걸렸다.

홍조를 띤다. 그 옆의 백색 고층아파트 또한 점점 붉게 물든다. 아마 이 도시에서 최상류층의 거주지임이 분명하다.

석양에 타는 저녁놀이 검은 구름에 반쯤 가린다. 핏빛 잔조(殘照)는 출렁이며 춤추던 바닷물에 반사된다. 반짝거리던 낙조가 서서히 가시고 해면엔 어스름이 꾸물꾸물 깔려오기 시작한다. 그러던 어느 순간 해협의 항만시설과 해군기지엔 전깃불이 빛난다.

그렇다. 오후 7시가 가깝다. 이곳을 벗어나 어나쿨람 정선 기차역으로 갈 시간이다. 너무 아쉬워 발길이 떨어지지 않는다. 그러나 어쩌랴. 눈길은 바닷가로 둔 채 몸뚱이만 움직인다.

열차는 밤새 케랄라주 거쳐 방갈로르로 달려

방갈로르행 기차 역시 제시간에 닿지 않는다. 이 기차는 케랄라주 주도인 트리반드룸에 있는 코츄베리(Kochuveli)역에서 출발한다. 그렇게 긴 시간 연착하진 않았다. 정시보다 25분 늦은 밤 9시에 닿았으니. 이 열차는 의외로 조용했다.

눈을 떠보니 3월 18일(일요일) 오전 7시가 가깝다. 벌써 해가 떴고, 철길 위로 열차를 타러 가는 여인이 보인다. 밤새 달린 열차는 새벽 1시께 케랄라주를 벗어나 카르나타카주로 진입했을 것이다. 방갈로르 도착시간이 두 시간가량 남았으니. 철로변 푹푹 팬 산 언저리에는 황토가 붉게 드러났다. 멀리 제법 높은 굴뚝이 여기저기 솟은 도시가 숲속에 싸여 있다. 코치(Coach)라는 곳이다. 열차가 정차한다. 방갈로르로 가는 승객이 제법 많이 타고 내린다. 말루르(Malur)란 역에서도 연달아 승객을 내리고 태운다. 어느덧 방갈로르 교외에 이른다. 철로변엔 휴지와 쓰레기가 이리저리 흩어져 있다. 카르나타카주는 역시 깨끗한 케랄라주에 비견할 수 없는 곳임을 실감한다. 하물며 이 주의 주도 주변이 이러할진대 다른 곳을 말할 나위 없지 않겠는가. 빈민촌이 들어선 주택가 빈 공터엔 쓰레기를 태우다가 남은 재와 찌꺼기가 수북수북 쌓여 흉물스럽다.

바나나 숲과 야자나무가 경계선을 이룬 너른 밭엔 포도나무가 심겨져 있다. 광활한 구릉지엔 송전탑이 높이 솟아 키 높은 야자나무를 눈 아래 두며 전선을 드리운다. 일요일에 맞춰 마이소르에 닿게 만든 여행사 인도 소풍의 일정은 그만한 이유가 있었다. 마이소르 마하라자 궁전의 환상적인 야경을 보기 위함이다.

카르나타카주

옛 이름은 마이소르주다. 데칸고원 남부와 인도 서해안 일부를 차지했다. 면적은 191,791제곱킬로미터로 한반도 전체 면적보다 조금 작다. 인도에서 8번째 큰 주다. 인구는 5천5백여만 명. 보수적인 성향이 강한 곳이다. 인도 독립 후 구 마이소르 번왕령(藩王領)을 중심으로 주가 형성됐다. 그 후 1956년 칸나다어를 상용하는 곳을 재편성해서 태어난 주다. 서해안을 제외한 고원지대는 기후가 사람 살기에 좋은 곳이다. 물이 많은 골짜기를 낀 곳에서는 벼농사를 짓는다. 커피와 라기(기장의 일종)의 생산량은 인도에서도 가장 많다. 백단향의 특산지로도 유명하다. 그 외에도 목화와 잎담배 생산량도 많다.

방갈로르

영어로는 벵갈루루(Bengaluru). 데칸고원 남부 산지 해발 950미터에 위치한 주도다. 옛 마이소르왕국의 수도였고, 19세기 중·후반엔 영국 통치의 심장 역할을 한 곳이다. 1881년 인도 국왕이 복위한 후 1947년 인도공화국에 통합될 때까지 영국통치부와 군대가 이곳에 주둔해 있었다. 시가지는 남과 북으로 갈린다. 북쪽엔 아름다운 왕궁과 인도과학연구소가 자리했다. 남쪽에는 구시가지와 상업지역, 그리고 관공서가 있다. 남쪽 시가지는 도시계획으로 잘 정비된 곳이다. 유럽계 인도인들이 주로 거주하며, IT산업과 항공우주산업으로 이곳을 찾는 서양인들이 많다. 남쪽 구역을 두고 인도의 실리콘밸리라고 부를 정도로 IT산업이 발달했다. 인도의 IT기업 80퍼센트(업체수 2,200여 개)가 모여 있다. 이곳은 블랙홀처럼 세계 유수의 IT기업들을 빨아들인다. IBM·마이크로소프트·오라클·소니·GE·모토로라·휴렛패커드·델 등이 진출했다. 물론 삼성전자와 LG전자도 이곳에서 경쟁을 벌인다. 따라서 세계 아웃소싱의 중심지로 급부상 중이다. 인도 정부는 경제특구로 지정했다. 파격적인 관세혜택에다 외국 자본의 유입이 자유로운 정책을 쓴다.

더욱이 인도공과대학(IIT)·인도과학원(IIS)·인도정보기술대학(IIIT) 등 인도의 톱5 공과대학이 자리잡으면서 우수한 인재들을 지속적으로 배출해낸다. 이곳 IT 인력은 영어를 자유롭게 구사하는 데다 임금 또한 미국이나 유럽의 4/1에 불과하다. 아울러 온난한 기후도 세계적인 IT클러스터로 부상하는 데 한몫했다. IT 전문인력 숫자만도 20만여 명을 훌쩍 넘는다. 특히 이곳은 인도의 항공우주산업 생산량의 65퍼센트를 차지할 정도다.

25

마이소르를 향하여

3월 18일(일요일), 아침을 맞는다. 이 여정도 이젠 막바지에 이르렀다. 오전 7시 10분쯤 방갈로르로 향하는 객차 안이 소란스러워진다. 선반에 얹어둔 짐과 의자 밑에 둔 짐을 꺼내는 등 많은 승객이 수런댄다. 열차는 방갈로르 시내에 위치한 화이트필드역에 닿는다.

방갈로르 시내에는 기차역이 여러 개다. 열차에서 내린 승객들은 짐을 들거나 머리에 이고 철로변을 따라 제각각 흩어진다. 화이트필드 기차역을 벗어나면서 신축한 고층아파트군(群)이 철로를 따라 연이어졌다. 아파트는 모두 백색 페인트를 칠했다. 눈이 휘둥그레질 정도로 큰 도시다. 아파트 신축공사 현장도 여기저기 벌어졌다. 이 근처가 방갈로르의 IT클러스터인 모양이다. 이 IT클러스터는 세계에서 네 번째 큰 대단지로 알려졌다. 이 일대 신도시를 '방갈로르 일렉트로닉스 시티(Electronics City)'라고 부른다.

오전 8시 40분경, 일행은 목적지 방갈로르시티 기차역에 내린다. 예정시간보다 10분 연착이다. 데칸고원 언저리 950미터의 고지대에 위치한 도시지만 역 주변엔 푸른 나무들이 둘러싸 퍽 인상적이다. 교통의 요지답게 기차역 규모도 엄청 크다. 플랫폼만도 대여섯 개를 넘는다. 이런 큰 역엔 플랫폼 위에 육교가 놓여 있기 마련이다. 목적지 출발 열차가 몇 번 플랫폼에 정차하는지를 알아 육교를 통해 잽싸게 움직여야만 그 열차를 탈 수 있음은 물론이다. 역구내는 인파로 법석댄다. 구내를 벗어나 대기한 자동차에 오른다. 육로로 마이소르를 향해 이동한다.

방갈로르, 제2의 실리콘밸리
 아직은 방갈로르 시내 상가가 문을 열 시간이 아니다. 남쪽의 일렉트로닉스 시티라 부르는 신도시 경제특구를 지난다. 철제문이 닫힌 상가 거리엔 삼성전자 LCD TV의 입간판이 눈길을 끈다. 남인도에도 현대자동차와 삼성전자·LG전자 등 우리 기업이 세계적인 대기업과 경쟁을 벌이고 있어 뿌듯하다.
 시내 곳곳엔 고가도로 공사현장 등 사회기반시설 확충공사가 동시다발로 벌어져 있다. 이곳이 제2의 실리콘밸리로 발돋움할 날이 머지않다는 걸 실감한다. 공과대학 운동장에선 학생들이 운동하는 모습도 보인다. 이 도시엔 지하철도 운행된다. 1·2호선뿐이지만. 이 지하철 건설에는 30여

뱅갈로르시티 기차역 플랫홈.

년이 걸렸다고 한다. 일본의 기술과 자본이 참여해 건설했기 때문에 시민들은 일본에 아주 호의적이라고 했다. 지하철이라 불리지만 특이하게도 지하구간보다도 지상구간이 더 많다. 지하철역을 통과하려면 X선 투시와 소지품 검사를 거쳐야 할 정도로 입·출입 보안이 엄격하다. 구간 연장공사도 한창이다.

방갈로르 교외로 빠진다. 209번 국도를 탄다. 길거리엔 꽃병과 특이한 가면, 그리고 여러 신상(神像)을 놓고 파는 난전이 길게 이어졌다. 교외이지만 큰 사원도 보이고, 깨끗하게 단장된 공장과 신축공사 현장도 흩어져 도시가 확장되는 모습이 역력하다.

야간열차를 이용했기에 피로가 엄습한다. 아침 출근 러시아워 시간대라 마이소르까지 148킬로미터지만 육로로 3시간이 좀더 걸린다. 나그네는 이동하는 중 졸지 않고 주변 경관을 카메라에 담으려 안간힘을 쏟았으나 허사다. 꼬박꼬박 졸고 만다. 데칸고원 위에 위치한 도로인 데도 주변엔 바나나나무와 야자나무 숲이 평야처럼 여전히 펼쳐졌다. 209번 국도를 이용하는 구간이 전체 거리의 60퍼센트에 해당한다. 이 구간에도 제법 큰 도시들을 거친다. 카갈리푸라(Kaggalipura)·하로할리(Harohalli)·하라구루(Halaguru)를 거쳐 교통의 요지 마라발리(Maravalli)까지 이어진다. 마라발리에서 마이소르까지 40퍼센트 구간은 33번 국도로 갈아탄다. 바누르(Bannur)·서가나할리(Sugganahali)를 거쳐 목적지 마이소르엔 낮 12시를 조금 지나 닿는다. 마이소르 중심가에 자리한 숙소 호텔 선데쉬 더 프린스에 여장을 푼다. 이 호텔은 4성급이다. 멋진 레스토랑 등 부대시설도 골고루 갖췄다. 점심을 먹고 샤워한 뒤 오후 2시 30분부터 이곳에서의 일정이 시작된다.

백단향의 도시 마이소르에서의 일정은 다음과 같다. 낮 시간의 마이소르 마하라자 궁전 둘러보기, 차문디 힐에 올라서서 마이소르 시내 조망 겸 차문데스와리 힌두사원 탐방, 시바 신의 탈것인 거대한 검은 황소 난디보기, 데바라자 마켓 둘러보기, 9만 7천 개의 작은 전구가 불을 밝혀 황홀한 장관을 자아내는 마하라자 궁전 야경 감상 등이다.

백단향(白檀香: Santalum Album)

단향목(檀香目)의 단향과 식물이다. 백단향의 심재(心材: Heartwood)는 향기가 강해 향의 원료로 쓰인다. 목재는 치밀하고 단단해 불상과 부챗살을 만드는 귀중한 재료의 하나다. 백단속(白檀束)은 20여 종류가 있다. 특히 인도 마르소르 지방에서 생산된 백단향을 최고품으로 꼽는다. 북아메리카 서부 연안지방의 리보케드루스와 동부지방의 연필향나무 등은 향기가 있어 연필재로 사용된다. 중국에서는 단향(檀香)이라고 부르며, 일본에선 백단(白檀)이라고 한다.

거대 수려한 마하라자 궁전

일행은 성벽으로 둘러싸인 마하라자 궁전(Maharaja's Palace)부터 둘러본다. 남문을 통해 궁전 안으로 입장한다. 물론 신발을 맡겨야 한다. 카메라도 궁전 내부에는 가지고 들어갈 수 없다.

궁전 안은 남·북으로 시원하게 도로가 곧게 뻗었다. 도로를 중심으로 오른쪽에는 노란색 고푸람이 우뚝 솟은 바라하스와미(Shweta varahaswamy) 사원이 자리했다. 동문까지도 곧은 도로가 이어졌다.

남문 왼쪽으로 무굴제국 초기 건축 및 정원양식인 차하르바그(char baah: 네 겹) 모양의 아름다운 정원이 펼쳐졌다. 그리고 뒤쪽으로 엄청난 규모의 화려한 궁전이 버티었다. 이처럼 거대하고 수려한 궁전 외관이 나그네를 압도하고 만다. 힌두·무슬림·라지푸트, 그리고 고딕 양식이 멋스럽게 혼합된 거대한 건축물이다.

고딕 양식과 힌두 양식을 합쳐 시멘트와 돌로 지어진 궁전건물 앞쪽은 지붕마다 무슬림 양식의 주홍색 돔이 하늘을 향해 솟아올랐다. 돔 주변마다 자그마한 기둥 위에 우산 형태의 라지푸트 양식 차트리(Chatri: 카오스크: Kiosks)가 세워졌다. 이들 돔 중앙엔 황금으로 도금한 2층 구조의 대

마하라자 궁전 정문.

형 돔이 하늘을 찌를 듯 우뚝 솟아 작은 돔들과 멋진 조화를 이룬다.

궁전건물 앞쪽은 흰색·재색 그리고 주홍색을 입힌 반면 뒤쪽은 순백·
베이지색 및 연노랑색을 칠해 대조를 이루면서 한층 우아함을 표출한다.
특히 건축물 자체가 직선과 곡선이 멋지게 조화를 이뤄 매우 부드럽고 안
정적인 분위기를 연출해낸다. 특히 궁전 내 바라하스위미 사원 고푸람 뒤
쪽엔 검은 돌로 조각한 무시무시한 호랑이상이 버틴다. 바로 마이소르 전
쟁을 통해 감히 대영제국과 맞서 저항 및 용전했던 영웅 티푸 술탄(Tipu
Sultan, 재위 1782-1799)의 별칭이 붙게 된 티푸의 호랑이상이다. 이 호랑
이상 앞엔 그의 용전술과 대담성, 그리고 저항정신을 칭송하며 으스대는
많은 현지인의 모습도 볼 수 있다.

궁전 내부는 사진 촬영이 금지된 곳이다. 화려함의 극치인 스테인드글

마하라자 궁전 안 바라하스와미 사원의 고푸람.

라스와 거울 등 호화찬란한 색채가 만화경 속을 헤매게 하는 느낌을 준다. 또 정교하게 조각된 나무문과 모자이크 바닥, 영국 에드워드왕 시대의 마이소르 생활상을 묘사한 그림 등을 둘러보노라면 저절로 경외감마저 일으킨다. 궁전의 대부분 방은 관람객들에 공개돼 내국인과 외국관광객들로 북새통을 이룬다. 마하라자(Maharaja: 인도 토후국의 왕)의 접견실인 두르바 홀에는 280킬로그램에 이르는 황금 옥좌가 놓여 화려함의 극치를 보여준다. 홀의 벽면에는 당대의 이름난 화가 쉴피 시달링가스와미와 케랄라 왕족 라비 바르마의 그림이 걸려 있어 더욱더 무게를 보탠다. 이 홀은 매년 10월에 열리는 마이소르에서 가장 큰 행사인 두세라(Dussehra) 축제기간에만 일반에게 공개된다. 따라서 이 축제기간에 맞춰 많은 외국관광객이 몰려들 정도다.

마하자라 궁전

마이소르왕국은 1399년부터 영국에서 독립하기 전 1947년까지 힌두교 성향의 워디아(Wodeyar) 가문이 서서히 성장하면서 왕조를 이뤄 통치했다. 마하자라 궁전은 14세기 말 워디아왕이 처음 건축했다. 1793년 파괴되었다가 1803년 복원했다. 그 후 1897년 자야라카시마니(Jayalakshmanni) 공주 결혼식 때 화재가 발생해 완전히 소실된다. 1912년 켐파난자마난(Kempananjamann) 여왕이 영국의 건축가 헨리 어윈(Henly Irwin)에게 명해 420만 루피라는 거금을 들여 신축해 지금까지 전해온다. 이 궁전엔 현재도 워디아 가문의 후예들이 생활하고 있다.

26

차문디 힐에서

일행은 낮 시간대에 마하라자 궁전을 둘러보고 차문디 힐(Chamundi Hill)로 향한다. 이 언덕은 1,001개의 계단을 밟고 천천히 올라가야만 인간이 일으키는 소음과 공해도 멀리한 채 힌두사상에 관한 그나마 사유의 시간을 가질 수 있음은 물론이다. 또한 마이소르 시가지도 제대로 조망할 수 있고. 그럼에도 시간에 쫓긴 일행은 자동차로 포장도로를 타고 오른다.

해발 1,065미터의 차문디 힐 정상은 상당히 평평하고 넓다. 이곳엔 마이소르의 수호신 차문디 여신을 모시는 차문데스와리 사원(Sri Chamundeswari Temple)이 자리한다. 이 힌두사원엔 7층 황금색 높은 고푸람이 우뚝 솟아 마이소르 시내를 지켜준다. 고푸람 사방의 각층 중앙감실 양쪽엔 순백의 차문디 여신상이 조각돼 이 언덕을 오르내리는 인간들을 굽어살핀다. 이 언덕에서 옛날 차문디 여신은 마이소르를 지배하던 악마 마히사수라와 이레에 걸친 싸움 끝에 승리한다. 그러니 이 여신에게 기도를 올리려 오는 현지인들이 넘쳐날 수밖에. 또 관광객도 보태져 이 언덕은 늘 붐빈다.

사원 입구에는 차문디 여신에게 봉헌할 꽃을 파는 난전, 관광객에게 호기심이 일 만한 그곳의 실 팔찌 등 장식품을 파는 보퉁이장사와 좌판장사꾼, 그리고 각종 먹거리를 파는 상점과 노점상들이 발길을 붙든다. 특히 여러 개의 가느다란 링을 묶은 실팔찌 액세서리 난전엔 현지 여성들이 몰려들어 북새통을 이룬다. 이 사원에도 입장하려면 어김없이 신발을 벗고 맨발로 들어가야 한다. 현지인들은 신상과 제단에 과일과 꽃 등 봉헌할 물품을 바치고 두 손 모아 정성스럽게 기원을 드린다. 또 어떤 이들은 기도 중인 사제 앞에 놓인 좌대에 봉헌할 물건을 얹어놓고 사제를 따라 기도를 올린다. "그들이 신에게 기도드리며 갈망하는 게 과연 뭣일까?"라고 되새김질해볼 정도로 성심에 놀란다. "정성이 지극하면 동지섣달에도 꽃이 핀다."라는 우리의 속담이 떠오른다. 과연 저들의 저 지극한 성심은 신을 감동시켜 내세엔 더 좋은 환경에 태어날 수 있다는 믿음뿐일 것이다.

마이소르 주민들은 자동차나 오토바이 등 탈것을 새로 구입했을 땐 이 차문데스와리 사원에 몰고와 힌두사제가 내려주는 축복의식을 치루는 게 상례다. 이처럼 차문디 언덕과 차문데스와리 사원은 마이소르 주민들에겐 삶의 한 부분으로 여길 정도로 소중한 곳이다.

차문디 여신 신화
전설에 따르면 마이소르는 악마 마히사수라가 지배했다. 그 악마의 지

차문디 힐의 계단 숫자를 새긴 표지판.

차문데스와라 사원의 거창한 고푸람.

차문디 힐의 사원 앞에 세워진
악마 마히사수라상. 익살스러
워 오히려 웃음을 자아낸다.

배를 종식시킨 신이 바로 차문디 여신이다. 차문디 힐에서 이레 동안 벌어
진 싸움을 통해 여신이 악마를 죽인다. 악마 마히사수라의 아버지 람바라
는 물소와 사랑에 빠져 그를 낳는다. 그는 자라면서 엄청난 고행과 신심
에 찬 신에 대한 제례의식을 행해 창조의 신 브라흐마로부터 은혜를 받는
다. 그 은혜는 "인간과 신에겐 죽임을 당하지 않을 특권"이다. 특권을 얻
은 악마는 이 천지를 마음 내키는 대로 주무른다. 특히 마이소르 지방에서
그는 더 나쁜 짓을 많이 벌인다. 그의 횡포가 극심해지자 신들이 그를 제
거할 대책을 세운다. 바로 신(神)이 아닌 여신(女神)을 만들어 죽일 수밖
에 없다는 결론에 이른다. 그렇게 해서 태어난 여신이 바로 성스러운 여
전사 두르가다. 그녀는 파괴의 신 시바의 아내다. 그녀는 수많은 화신으로
변하는 여신 데비의 화신이기도 하다. 신들은 그녀에게 모든 무기를 제공
해 악마 마히사수라를 죽이도록 도와준다. 금색으로 빛나는 그녀는 검은

머리카락에다 열 개의 손에 신들이 내어준 무기를 들고 사자를 타고 출전한다. 그녀가 받은 신들의 무기는 유지의 신 비슈누의 원반 태양신 수리아의 화살과 화살통, 바다의 신 바루나의 포승줄, 불의 신 아그니의 투창, 천둥의 신 인드라의 금강 방망이, 바람의 신 바유의 활, 황천의 신 마야의 철봉, 재물의 신 쿠베라의 방망이, 뱀의 신 세사의 화환, 그리고 마지막 하나는 산신 히말라야의 호랑이다. 이 호랑이는 언제나 여신을 태우고 다녔다. 그녀는 전쟁터로 나설 땐 무시무시한 사자를 탔다.

이런 무장을 갖춘 여신 두르가는 악마 마히사수라의 영토인 마이소르로 들어간다. 마히사수라는 차문디 힐에서 두르가를 맞아 싸운다. 이레 동안 벌어진 전투에서 악마는 여러 형태의 동물로 변신해 대항했으나 여신을 당할 수 없었다. 마지막엔 괴물 물소로 변신했지만 결국 두르가의 날카로운 창에 찔려 죽는다. 이 두르가를 마이소르에서는 '차문디(Chamundi) 여신' 또는 '차문데스와리(Chamundeswari) 여신'이라고도 부르며, 수호

차문데스와리 사원에서 성심껏 기도를 드리는 힌두교인들.

신으로 모신다. 매년 9-10월 경에 열리는 두세라(Dussehra) 축제는 인도 전역에서 벌어지는 가장 큰 축제이지만 특히 마이소르에선 더욱더 성대하게 치러짐은 이 같은 연유 때문이다.

일행은 차문디 힐과 차문데스와리 사원을 둘러본 뒤 내려가는 길은 사원 북쪽에 나 있는 1,001개의 계단을 탄다. 이 계단길은 한적한 시골마을을 방불케 한다. 계단을 내려올수록 숫자는 줄어든다.

계단길은 신발을 신을 수 있어 퍽 다행이다. 내려오면서 이 계단길을 타고 오르는 현지인들과 자주 마주친다. 그들은 카메라만 들이대면 포즈를 취해준다. 계단길 중간중간에 감실을 만들어 신상들을 조각해뒀다. 물론 창살문을 달아 끈으로 묶어두어 사진을 제대로 잡을 순 없다. 계단길이 휘어질 때마다 마이소르 시내가 한눈에 들어올 정도로 탁 트여 전망도 멋지다. 단지 날씨가 흐린 게 흠일 뿐이다. 800이라고 쓴 계단 숫자의 표지석을 지나 4분여를 더 내려오자 시바 신의 탈것인 거창한 검은 황소 난디의 조각 좌상이 버텨 일행의 발걸음을 저절로 멎게 만든다.

이 황소는 검은 돌로 조각했다. 머리·목·등·가슴·배 등 신체 부위마다 갖가지 장식을 멋스럽게 새겨 눈길 뺏는다. 고개를 쳐든 황소는 큰 코와 눈, 그리고 귀까지 너무 생동감 넘치도록 아로새겼다. 목에는 흰 천과 흰 보석 목걸이 등도 주렁주렁 걸었다. 이 황소 조각상 부근은 각종 점포와 먹거리 난전 등이 이어졌다. 또 황소를 참배하려는 현지인들과 관광객들로 북적인다. 부근에는 소형차 주차장도 있어 마이소르로 들어가는 도로와 이어지기도 했다. 특히 난디 조각상이 있는 주변 길거리엔 신상·코끼리·링가 등 돌조각을 직접 만들어 파는 석공예품 난전이 이어져 주목을 끈다.

데바라자 마켓

일행은 황소 조각상을 둘러보곤 주차장에 대기하고 있던 자동차에 올라 마이소르 시내로 들어와 데바라자 마켓(Devaraja Market)으로 향한다.

이 시장은 마이소르 궁전 북서쪽에 위치했다. 약 2백여 년의 전통을 가진 마이소르의 재래시장이다.

인도를 통틀어 가장 인상적인 재래시장으로 꼽힌다. 시장 규모도 만만 찮다. 맞배지붕을 얹은 벽 없는 목조건물들이 연이어졌다. 그 사이사이 골목길에는 천막을 쳐 햇볕을 가렸다. 그러나 강렬한 햇볕은 천막을 뚫어 잘 쌓아둔 각종 과일들을 먹음직스럽게 비춘다. 시장 입구에는 소가 들어오지 못하도록 가슴까지 오는 쇠막대기를 사람이 겨우 지나갈 수 있는 공간만 남기고 지그재그형 3열로 박아뒀다.

이 시장은 과일시장·채소시장·꽃시장·향신료시장에다 액세서리시장, 그리고 각종 그릇과 칼 등 주방기구시장이 각각의 상품품목별로 구획돼 있어 둘러보기도 아주 편하다. 상인들도 친절하고 농담도 잘 건네 마음 편하게 구경할 수 있는 분위기다.

과일시장의 마늘과 생강 등을 함께 팔고 있는 가게.

꽃송이만 무게와 부피로 파는 데바라자 마켓 꽃가게.

일행은 과일시장 구역부터 들어간다. 과일가게는 좁은 골목 양편으로
꽉 들어찼다. 과일의 종류도 너무 다양하다. 남인도에서 생산되는 갖가지
열대과일들이 다채롭기 그지없고, 과일에서 뿜어 나오는 향긋한 향이 침
을 돌게 만든다. 양파와 토마토, 석류 등 둥근 것과 코코넛 등을 멋지게 쌓
아 올려놓은 솜씨는 진기명기 수준을 비웃고도 남을 정도다. 이들 가게엔
오이·당근·콩 종류·마늘·생강, 그리고 양파 등 채소의 일부도 함께 진열
해 팔았다. 말이 과일시장일 뿐 식품시장이라고 해야 옳을 것 같다.

과일시장을 지나 꽃시장으로 들어간다. 생기가 넘치는 시장이다. 손님
을 부르는 상인들과 꽃이 든 가마니를 어깨에 짊어진 인부들로 붐빈다. 색
과 향기의 향연이 시각과 후각을 즐겁게 해준다.

꽃시장에선 꽃을 송이로 거래하지 않고 무게나 부피로 판다. 한 근에 몇
루피, 한 되에 몇 루피 등으로 거래가 이뤄지니 관광객들에게 이색적인 느
껴질 수밖에. 꽃은 줄기와 이파리는 모두 떼어내 버리고 꽃송이만 쌓아놓
고 매매가 이뤄진다. 꽃송이를 실로 줄줄이 꿴 긴 꽃목걸이를 만들어 팔기
도 한다. 그래서 아예 줄기와 이파리가 소용없는 것이다. 잎사귀와 줄기가
없는 꽃송이는 빨리 시들기 마련이다. 싱싱함은 꽃의 생명. 상인들은 꽃송

이가 시들지 않게 분무기로 쉴 새 없이 물방울을 뿌려댄다. 그들은 하루가 지나면 시들어 팔 수 없는 물건이기에 죄다 팔아치우려고 목청이 터지도록 손님을 불러대 시장 안을 더욱더 후끈 달아오르게 한다.

인도 사람들에게 꽃은 아주 소중한 치성물의 하나다. 신성한 곳을 장식하거나 신에게 봉헌하는 데 쓴다. 그들은 사원 입구나 큰 나무와 돌·석상·신상, 그리고 존경하는 인물들을 꽃으로 장식하는 것이 일상의 중요한 한 부분이다. 또한 여성들은 머리에 꽂아 장식품으로, 대문 앞엔 긴 꽃목걸이를 걸어놓기도 한다. 상인들은 관광객이 꽃을 사지 않은 것을 번연히 알면서도 꽃을 사라고 농을 치며 말을 걸고, 사진을 찍으려면 그 바쁜 가운데서도 포즈를 취해준다.

꽃가게를 지나자 주방용품과 식료품을 파는 가게가 이어진다. 나그네의 눈길을 끈 것은 크기와 색깔이 우리의 빨랫비누와 흡사한 물건. 이 물건을 가게 전면에 쌓아두고 팔았다. 이들 점포엔 유독 손님이 더 북적대는 것이다. 가이드 아샤 양에게 묻는다. "웬 빨랫비누를 가게 전면에 높이 쌓아놓고 파느냐?"라고. 그녀는 웃으며 "저건 재거리(Jaggery)입니다. 바로

꿈꿈가루를 파는 점포.

생설탕덩이죠!"라고 설명한다. 인도에서 만든 전통 설탕이다. 정제를 하지 않은 제품이란다. 특히 이 설탕덩이는 단맛보다도 독특한 풍미가 난다고 했다. 인도인들은 요리할 때 꼭 이것을 넣는단다. 커피에도 이 설탕을 넣으면 독특한 맛으로 마실 수 있다고 한다. 인도의 음식이 나그네 입맛에는 우리의 설탕이나 엿물을 넣은 것과 다른 단맛이 난다고 느꼈는데 바로 이 맛이었구나! 하고 비로소 깨닫는다.

이어 향신료시장을 찾는다. 이 시장엔 아로마 오일·백단향 등 향신료 꿈꿈가루 등을 파는 시장이다. 꿈꿈가루(Kum Kum Powder)는 힌두교에서 종교적인 표식과 신상의 장식을 위해 쓰이는 일종의 염료다. 힌두사원에서 사제가 신도의 이마에 찍어주는 선홍색과 주황색, 그리고 흰색 분이 바로 꿈꿈가루다. 이 가루를 시바 등 여러 신과 난디 등 탈것과 각종 신물(神物)에 바르고 뿌린다. 이 가루는 천연염료다. 노란색은 사프란 꽃에서, 보라색은 붓꽃에서 추출해 만들어낸 염료이기에 인체에 전혀 해롭지 않다. 갖가지 색의 꿈꿈가루를 그릇에 쌓아놓은 것 자체가 바로 예술이다. 관광객이라면 누구나 너무도 멋지게 빚어 쌓아놓은 이 가루를 카메라에 담지 않고 그냥 지나칠 순 없을 것이다.

일행 중 여성들은 아로마 오일 가게에 들러 향 좋은 것을 고르느라 시간 가는 줄 모른다. 상술이 뛰어난 그들은 나그네의 손등에도 여러 종류의 향을 뿌리곤 하나하나 제품설명을 하면서 사지 않곤 배겨날 수 없도록 만든다. 하는 수 없이 아샤 양에게 물어 한 병을 산다.

일행은 시장을 벗어나 시장 언저리 상가를 둘러본다. 대로변 일대가 모두 상가다. 점포는 물론 곳곳에 노점상들이 좌판을 벌여놓고 각종 물품을 판다. 퇴근시간대라 많은 인파들이 이곳을 거쳐가면서 필요한 물건을 사 귀가하는 모습을 볼 수 있다. 시장 주변의 상가를 둘러보곤 호텔로 돌아가 저녁을 먹는다. 그리곤 서둘러 불을 밝혀 황홀경에 빠뜨리는 마이소르 궁전의 야경을 보러가기 위해 서둔다.

27
마하라자 궁전 야경

마하라자 궁전(Maharajas Palace). 이 거대한 건축물 외벽과 지붕의 돔 등엔 모두 9만 7천여 개의 작은 전구를 달았다. 일요일과 국경일, 그리고 축제 기간마다 마이소르 시내 전역을 소등한 채 저녁 7시부터 7시 45분까지 45분 동안 이들 작은 전구에 불을 밝혀 몽환적인 분위기를 연출한다. 점등시간엔 몰려든 관광객들의 탄성과 환호로 군악대의 연주가 울려퍼지지만 제대로 들리지 않을 정도다. 이 황홀한 야경을 보기 위해 많은 관광객들은 일요일이나 국경일 또는 축제에 맞춰 마이소르를 찾아 야단법석을 이룬다.

이 야경은 남인도 문화의 정수를 보여주는 것이라고 해도 모자람이 없다. 그래서 많은 이들이 마하라자 궁전 야경을 두고 북인도의 타지마할을 들먹는다. "낮 시간의 타지마할이 북인도 문화의 정수를 보여주는 것이라면 마하라자 궁전 야경은 남인도 문화의 정수를 안겨주는 것"이라고 말이다. 일행 또한 이 점등행사를 보기 위해 일찍 호텔을 나섰으나 차가 막히는 바람에 궁전의 점등시점에 닿지 못한다. 겨우 북문 쪽 부근에 이른다. 나그네는 발 디딜 틈조차 없는 군중 속을 체면불구하고 헤쳐가면서 사진을 찍는다. 그러면서 환상에 빠진다.

가이드 아샤 양이 "동문 쪽 야경이 더욱 아름답습니다." 하면서 이동을 재촉한다. 일행이 동문에 이르렀을 땐 서서히 작은 전구 하나하나씩 불이 꺼지기 시작하고 있었다. 채 1분도 지나지 않아 환상의 궁전은 어둠 속에

마하라자 궁전 정면 야경.

잠기고 만다. 아쉬움이 컸다. 너무 허망하다. 우리의 삶 또한 그렇겠지! 나
그네도 이 궁전의 빛의 향연처럼 잠시 반짝하다가 찰나에 침적(沈寂)하
고 말지 않겠는가. 그러나 어쩌랴! 이미 흘러간 물을 되돌릴 순 없으니깐.
순간 나그네의 머리에는 이런 감상이 스쳐간다. 혼이 없는 단순한 건물이
아니라 너무 아름답고 살아 숨 쉬는 강인한 생명체라고. 이런 느낌은 혼자
만의 망상에 불과한 일일까?

마이소르왕국

기원전 3세기경 아소카왕 비문에 나타난 판디아왕조가 마이소르 지방
을 비롯한 남인도 최남단 지방을 지배해왔다. 이 왕조는 AD 1-3세기 해
외무역을 통해 번창했다. 11세기에 들어 촐라왕조에 병합되는 수난을 겪
지만 13세기에 다시 부흥한다. 그리곤 남인도 마이소르의 호이살라왕조
(Hoysala dynasty, 11-14세기 마이소르 지방을 통치했던 왕조)까지 무찌
르며 최강국이 된다. 판디아왕조가 힘을 잃자 마이소르 지방에는 1336년

궁전의 중심인 순금의 중앙탑도 밝게 빛난다.

궁전 북문에도 꼬마전구가 달렸다. 이 전구가 97,000여 개다.

비자야나가르(Vijayanagar)왕국이 일어나 지배한다. 이 왕국은 네 왕조가 교체되면서 1649년까지 이어진다. 14세기 말부터는 우데야르 가문이 힘을 비축하기 시작해 비자야나가르왕국 말기인 17세기 중엽엔 마이소르왕국으로 독립하기에 이른다.

힌두의 왕통을 이어온 마이소르왕국은 1761년 이슬람교도의 무관 하이데르 알리(Hyder Ali, 1722-1782)가 왕위를 찬탈한다. 이슬람왕국으로 바꾼 하이데르 알리는 그 세력을 점차 확장시킨다. 특히 그의 아들 티푸 술탄(Tipu Sultan, 재위 1782-1799)은 내정에 힘쓰는 한편 영토도 넓혀 남인도 서해안에 강대한 세력 구축에 성공한다. 그리곤 외침세력인 대영제국에 대항해 마이소르 전쟁을 일으킨다. 30여 년의 마이소르 전쟁에서 티푸 술탄은 부하에게 살해된다. 승전한 영국은 힌두 왕통의 우데야르 번왕국(藩王國: 인도 토후국)을 부활시켜 내정을 맡긴다. 이 번왕국의 왕인 마자하라(Maharaja)가 대를 이어가며 인도가 영국으로부터 독립한 1947년까지 마이소르 지방을 지배했다.

금으로 제작한 왕의 가마

불 꺼진 궁전 밖 어둠 속엔 오가는 자동차 헤드라이트 불빛만 난무한다. 그 빛에 반사된 낮에 봤던 유럽인 단체관광객 표정도 아쉬운 듯 보인다. 울트라 럭셔리 관광버스에서 내리던 그들이다. 이런 버스들도 초라한 관광마차와 오토바이, 그리고 오토릭샤, 낡은 자동차 속에 섞였다. 인종도, 언어도, 문화도 다르지만 느낌과 생각, 시선 등 이런 감각기능은 비슷한 듯해 다 같은 지구인이라는 걸 실감한다. 일행은 이들과 낮의 마하라자 궁전 내부를 앞서거니 뒤서거니 하면서 둘러보지 않았던가. 화려한 궁전 내부를 돌아보면서 그들은 무슨 생각을 했을까? 특히 저들이 이 땅을 두고 각축전을 벌인 영국인이나 네덜란드·프랑스인이라면 자기들 선조가 일구어낸 선진문화에 우쭐대는 건 당연하지 않을까.

영국계 인도인에 의해 1912년 완공된 이 궁전 안은 화려함의 극치를 보여준다. 호화로운 집기와 가마 등 우데야르 가문의 왕과 왕족이 사용했던 물건들이 진열된 복도를 지나면 많은 홀과 룸이 연이어진다. 높은 천장의 스테인글라스와 대형 샹들리에를 투과한 그윽한 빛은 이 집기들을 다사로움과 화려함으로 재탄생시킨다. 그뿐인가? 화미하고도 웅장한 기둥들과 세밀하게 조각된 황금빛 홀과 은조각을 입힌 룸의 나무문, 모자이크 바닥 등은 깊은 인상을 남긴다. 특히 복도에 진열된 황금가마(모조품)는 행사 때 큰 코끼리 등에 얹어 왕과 왕비, 그리고 세자가 함께 탄 것이다. 진품은 황금의 무게만도 750킬로그램에 이른다고 한다. 이 가마는 1970년대까지 두세라 축제 등 행사 때엔 사용되었다.

힌두의 왕통을 이어온 마이소르왕국을 얘기하면서 이슬람 세력인 하이데르 알리와 그의 아들 티푸 술탄 등 부자(父子) 2대가 지배한 시기의 역사를 빼놓을 순 없다. 특히 티푸 술탄은 거대한 대영제국의 군대와 맞서 승전과 패전을 거듭했던 영웅이다. 그는 영국을 몹시 증오했다. 그는 영국과의 전쟁 때 철로 만든 로켓포를 만들어 영국 진지를 초토화시켜 커다란 충격을 안긴다. 또 호랑이가 앞발을 들고 달려드는 무시무시한 모양의 '덱(Deg)'이라는 박격포를 만들어 마이소르 전쟁에 사용했다. 네 차례에 걸친 마이소르 전쟁 중 그가 전사한 4차 전쟁 직후 그의 궁전에선 '티푸의 호랑이'라 불리는 오르간이 발견된다. 이 오르간은 영국 군인은 물론 영국인의 간담을 서늘하게 했을 정도다.

마하라자 궁전의 정문인 북문 입구엔 무시무시한 형상을 한 '티푸의 호랑이' 석좌상이 버티고 있다. 인도인들은 궁전을 둘러보면서 이 돌좌상을 빼놓지 않는다. 대영제국이라는 세계를 호령하던 침략국에 당당히 맞서 싸웠던 티푸 술탄은 그들에게 자긍심을 심어줌은 물론이다. 또 그들에겐 큰 자랑거리일 수밖에 없다.

마이소르 전쟁
1766년부터 1799년까지 영국과 이슬람이 지배하던 마이소르왕국(하

궁전 정원에도 무서운 티푸의 호랑이상이 놓였다.

이데르 알리와 티푸 술탄 부자 2대에 걸친 지배) 사이에 네 차례 30여 년 간 걸쳐 치르진 전쟁이다. 4차 전쟁 때 마이소르왕국 통치자 티푸 술탄 은 살해된다. 그리고 영국이 세운 허수아비 정권인 힌두의 마이소르왕국 은 인도가 독립할 때까지 영국의 간접통치를 받는다. 1차 마이소르 전쟁 (1766~1769)은 마이소르 통치자 무슬림 하이데르 알리가 영국군 5만과 싸워 승리한다. 2차 전쟁(1780~1784)은 프랑스와 동맹했던 그의 아들 티 푸 술탄이 역시 영국군 5만여 명과 대적해 대승을 거둔다.

3차 전쟁(1789~1792)에 티푸 술탄의 마이소르 군대와 프랑스 연합군 이 막강한 영국군 함대에 패해 마이소르의 이슬람 통치가 서서히 종막에 이른다. 이 전쟁 결과 티푸의 두 아들이 영국에 인질로 잡혀가는 등 쇠락 의 길로 접어든다. 4차 전쟁(1798-1799)은 새로 부임한 영국의 총독 아 서 웰즐리가 쇠퇴한 마이소르왕국을 무너뜨리기 위해 일으켰다. 이 전쟁 중 티푸 술탄은 부하에게 살해된다. 영국은 우데야르(Wodeyar)왕국 의 다섯 살짜리 마하자라를 마이소르 번왕에 앉혀 간접통치하기에 이른다.

티푸 술탄

1782년 티푸 술탄은 아버지 하이데르 알리의 뒤를 이어 마이소르왕국 을 지배한다. 그는 인도를 야금야금 집어삼키는 영국동인도회사에 강력 히 맞서 싸웠기에 '마이소르의 호랑이'라는 별명을 얻은 영웅이다. 그는 1 차 마이소르전쟁 땐 아버지를 도와 영국군과 인도연합군을 무찔렀고, 2차 전쟁 땐 술탄으로 프랑스군과 연합해 영국 보호령인 트라방코르를 공격 해 영국군 5만여 명에게 승리하기도 한다. 3차 전쟁, 그의 맞수는 영국의 인도총독 찰스 콘월리스다. 그는 미국 독립전쟁 때 요크타운에서 항복했 던 장군이다. 콘월리스는 막강한 영국 해군력으로 티푸의 군대를 제압해 승리를 이끈다. 이 싸움으로 마이소르왕국은 방갈로르를 영국에 내주는 등 영토의 절반을 빼앗긴다. 이 패배를 설욕하기 위해 티푸는 나폴레옹 치 하의 프랑스와 다시 동맹을 맺고 영국에 대항한다. 그러나 프랑스혁명으로 도움을 받지 못한 채 새 총독 웰즐리가 전쟁을 일으켜 1799년 수도 세링카파담이 포위당한다. 성벽을 지키던 그는 자기 부하의 손에 살해된다.

그의 궁전에선 영국 군인을 잡아먹는 호랑이 모양을 한 기계장치가 발견된다. 바로 '티푸의 호랑이'라는 오르간이다. 조국을 식민화하려던 대영제국의 막강한 무력에 완강히 맞선 인도 저항정신의 상징적인 인물이다.

그는 영국과의 2차 마이소르전쟁에서 철로 된 로켓포를 발명해 영국군의 목재 로켓포를 무력화시켜 승리를 이끈다. 또 청동으로 만든 호랑이 모양의 박격포로 영국군에 맞섰다. 무시무시한 호랑이가 앞발을 들고 달려드는 형상의 이 박격포를 '덱'이라 부른다. 그는 유럽식 국영무역회사를 세워 주식을 사도록 장려하는 등 새로운 기법으로 마이소르를 통치한다. 또한 아라비아해와 페르시아만에 유럽의 동인도회사와 비슷한 팩토리(Factory, 공장이 아니라 여기서는 군대가 딸린 무역사무소란 뜻임)를 세워 국방력을 키워내기도 했다.

티푸의 호랑이(Tipus Tiger)

호랑이가 영국 군인의 목을 물어뜯는 형상으로 제작된 기계 오르간이다. 제작연대는 티푸 술탄이 마이소르왕국을 지배하던 시기(1782-1799년)로 추정한다. 이 오르간은 큰 호랑이의 실물 크기와 같다. 갈비뼈로 보이는 파이프가 18개다. 건반은 상아로 만들고, 오르간에 여닫이문을 달았다. 어깨죽지 아랫부분에는 여닫이문 손잡이가 달렸고, 또 호랑이의 얼룩무늬 일부를 교묘하게 파 소리 구멍으로 둔갑시켰다. 오르간의 호랑이와 희생자 영국 군인의 형체는 인도에서 만들었고, 악기의 구조는 프랑스의 제작방식을 따랐다. 지금도 이 오르간을 연주할 수 있다고 전한다. 특히 펌프를 누르면 덤으로 호랑이의 으르렁대는 포효소리와 목이 물린 영국 군인의 비명을 들을 수도 있다는 것이다. 건반을 치면 목덜미를 물린 영국 군인의 팔이 무력함을 상징하듯 힘없이 오르락내리락하도록 만들었다. 영국인의 목덜미를 깊숙이 파고든 송곳니와 가슴과 허벅지를 움켜쥔

날카로운 발톱을 가진 호랑이는 바로 티푸 술탄 자신 또는 인도의 저항정신을 표현했음은 물론이다.

이 오르간은 영국 런던의 빅토리아 앤드 앨버트 박물관에 소장되어 있다. 이 박물관은 대영제국박물관 못지않은 소장품을 간직하고 있어 '알라딘의 동굴'이라고도 불린다. 이 박물관 소장품 중 티푸의 호랑이는 인기 20대 아이템 중 하나다. 나그네는 영국여행을 네 차례나 했지만 티푸의 호랑이를 소장한 빅토리아 앤드 앨버트 박물관은 아쉽게도 들러보지 못했다.

이 티푸의 호랑이가 제작된 내력은 다음과 같다. 1782년, 남인도 마이소르 인근 깊은 정글. 영국군과 티푸 술탄 군대 사이에 2차 전쟁이 한창이었다. 영국군 장군의 아들인 병사가 정글 속에서 갑자기 덮친 호랑이에 물려 목숨을 잃는다. 술탄은 이 호랑이를 생포한다. 이 전쟁에서 영국군 5만 명이 대패하고 만다.

1799년 영국군이 마이소르 궁전을 포위해 티푸의 군대를 섬멸한다. 이 4차 전쟁에서 그도 목숨을 잃는다. 전승국 영국 총독이 술탄의 궁을 뒤지다가 진기한 물건을 발견한다. 그는 티푸의 호랑이라는 오르간을 보는 순간 몸을 오싹 떤다. 건반과 펌프를 누르자 소름끼치는 호랑이의 포효와 영국군의 비명소리가 호랑이의 내장에서 튀어나온다. 이 기괴한 오르간 소리를 들은 영국인들은 "이 비명소리야말로 대영제국이 울부짖는 소리"라며 기겁을 했다고 전한다. 이 오르간은 인도 동인도회사를 통해 영국 왕실로 보내졌다가 박물관에 소장돼 있다.

28
스라바나 벨라골라

마이소르의 밤은 깊어간다. 마하라자 궁전의 황홀한 야경을 만끽하지 못한 허망함을 그냥 흘려보낼 순 없다. 더구나 이 밤이 인도에서의 마지막이지 않는가. 시내 중심가에 위치한 호텔이라 레스토랑과 바 등의 부대시설이 마음에 들었다. 그럼에도 정 사장님과 아샤 양이 함께 밤나들이를 나선다.

관광도시답게 중심가에는 스탠드바가 많았다. 셋은 관광객이 이용하는 선술집 한 곳을 찾아든다. 아샤 양도 "맥주 두어 잔은 마실 수 있습니다."라고 실토한다. "마지막 밤이잖아요!"라면서 그녀 역시 섭섭함을 감추지 않고 속내 드러낸다. 아흐레라는 기간이 짧다면 짧지만…. 헤어짐으로 인한 아쉬움이 남기엔 모자람 없는 시간이 아닐까?

회자정리(會者定離). 석가모니가 열반에 들기 전 모습을 담은 불경인 「유교경(遺敎經)」에 나오는 한 토막 구절을 들먹일 필요도 없다. 그렇다. 만나면 헤어지는 것은 거스를 수 없는 이치다. 석가모니는 이 구절에서 이어 거자필반(去者必返)이라고 하지 않았든가. "간 사람은 반드시 돌아온다."라고 제자들에게 말했다. 또 생자필멸(生者必滅)이라고 말씀하셨지. "태어난 사람은 반드시 죽는다."라고 말이다.

맥주잔이 몇 순배 돌자 셋이 다시 만날 수 있는 방법을 얘기한다. 아샤 양이 인도를 제2의 고향으로 여긴 분이기에 두 나그네가 "인도의 다른 곳을 다시 찾으면 된다."라는 결론에 이른다. "인도소풍(www.indiadream.

net)이란 아샤 양 소속 여행사를 통해 부탄왕국과 옛 시킴왕국 지역을 꼭 들르겠다."고 다짐한다. 그땐 그녀가 "두 사람을 최선 다해 모시겠다."고 약속했고.

술기운이 오르자 나그네는 편운(片雲) 조병화(趙炳華) 시인의 시집『공존의 이유』에 수록된 표제시 일부를 더듬거린다. 전편을 외울 수 있는 기억력이 없음은 물론이고….

공존의 이유·12

"깊이 사귀지 마세/ 작별이 잦은 우리들의 생애// 가벼운 정도로 사귀세/ 악수가 서로 짐이 되면 작별을 하세// 어려운 말로/ 이야기하지/ 않기로 하세// 너만이라든지/ 우리들만이라든지// 이것은 비밀일세라든지/ 같은 말들은/ 하지 않기로 하세// 내가 너를 생각하는 깊이를/ 보일 수가 없기 때문에// 내가 나를 생각하는 깊이를/ 보일 수가 없기 때문에// 내가 어디메쯤 간다는 것을/ 보일 수가 없기 때문에// 작별이 올 때/ 후회하지 않을 정도로 사귀세// 작별을 하며/ 작별을 하며/ 사세// 작별이 오면/ 잊어버릴 수 있을 정도로/ 악수를 하세"

시인 편운이 1963년 6월 30일 펴낸 제11시집『공존의 이유』에 수록된 표제시다. 밤이 이슥해진다. "너만이라든지/ 우리들만이라든지// 이것은 비밀일세라든지/ 같은 말들은/ 하지 않기로 하세"라는 시인의 글을 잊은 채 우리들만~이란 말이 자꾸 등장하면서. 남인도의 마지막 밤은 이렇게 깊어만 진다. 이 밤이 지나면 이곳 남인도를 떠나 귀갓길에 올라야 한다. 그 내일의 일정도 빡빡하다. 아쉬움을 두고 숙소로 찾아든다.

여정 마지막 날

2012년 3월 19일(월요일) 아침을 맞는다. 전용차량으로 카르나타카 주의 트라이앵글이라 불리는 자이나교 최고의 성지 스라바나 벨라골라

(Shravana Belagola)와 호이살라왕조의 유적지인 벨로르와 할레비드를 둘러본다. 그리곤 방갈로르로 가 밤 비행기 타고 홍콩 거쳐 인천공항에 닿아야 한다. 스라바나 벨라골라. 마을 이름도 고약(?)하다. 늙은 나그네는 발음하기조차 힘이 든다. 자그마한 시골마을이지만 기원전 3세기부터 자이나교 성지 중에서 최고의 성지로 꼽혀온 곳이다. 매년 4월 15일 자이나교 축제(성인 자인 탄생일) 땐 이 작은 마을에 1백만 명의 인파가 몰려든다고 한다. 마이소르에서 전용차로 2시간이 조금 더 걸리는 거리다.

일행은 오전 9시 40분 미련을 남겨둔 채 마이소르 숙소를 떠난다. 30여 분 만에 교외에 이른다. 도로 양쪽엔 푸른 목장과 논밭이 이어졌다. 또 그 뒤쪽으론 야자수 등 열대수림이 짙게 덮였고, 마른 짚단을 머리에 이고 도로를 걸어 운반하는 농부도 보인다. 다시 일대는 야자수를 울타리로 한 사탕수수밭으로 바뀐다.

마이소르에서 멀지 않은 스리랑가파트나(Srirangapatna)란 도시를 지난다. 이곳은 내륙호수라 일컬을 정도의 규모인 큰 저수지 크리슈나라자사가라 레스보이르(Krishnaraja Sagara Reservoir)에서 흘러내리는 강줄기가 지나간다. 유수량을 조절하는 새 댐이 눈길을 끈다. 이 저수지의 담수는 식수는 물론 농업용수로 이용된다. 도로엔 사탕수수 대를 가득 실은 우마차와 트랙터가 줄을 잇는다.

여러 읍촌들을 지난다. 이런 작은 곳에도 노키아 등 휴대전화회사 간판이 보인다. 생각과는 달리 휴대폰 등 전자기구의 보급률이 높은 걸 실감한다. 농촌지역 주변의 도로에는 재미난 광경을 볼 수 있다. 소 떼를 몰고 가는 남정네와 여인들도, 회초리를 들고 돼지 무리를 끌고 가는 농군도 마주친다. 마이소르를 떠나 한 시간 만에 교통의 요지인 크리슈나라지피트란 도시에 닿는다. 정기시장이 열린 날인 것 같다. 장터 부근엔 많은 인파와 짐을 싣고 온 우마차·화물차, 그리고 오토바이·릭샤·트랙터·경운기 등이 도로 주변 여기저기에 흩어졌다. 가축시장도 도로변에서 멀지 않은 곳에 있는 모양이다. 매매된 소 등 가축이 가로수에 매였다. 어느 곳이나 마찬

빈디야기리 힐을 오르는 정문.

가지지만 이 도시도 통신기기 판매상이 요지를 차지했다. 아직도 이곳엔 자동차 등 탈것에 대한 정원(定員)이라는 개념이 없는 모양이다. 작은 삼 륜 화물차는 창틀 또는 화물칸에 사람을 가득 태운 채 달린다. 생각보다는 도로건설 등 사회간접시설도 그런대로 구비된 셈이다.

삼거리인 빌레나할리(Billenahalli)까진 왕복 2차선 85번 국도를 탄다. 그곳에서 다시 47번 국도로 꺾어 북쪽으로 향한다. 47번 국도와 8번 국도 가 교차하는 지점이 스라바나 벨라골라로 가는 입구다. 교차지점이 스릭 언트 나가라(Shreekant Nagara)다. 이곳은 제법 도시다운 면모를 갖췄다. 규모가 상당한 버스터미널을 비롯해 중심가에는 2-3층짜리 건물이 이어 졌고, 가게들엔 다양한 물건을 진열해뒀다. 이곳에서 스라바나 벨라골라 로 가는 도로는 지방도다. 같은 왕복 2차선이지만 좁고 포장도 낡았다.

자이나교 최고의 성지 스라바나 벨라골라 디감바라
사원을 오르는 614개의 돌계단.

천년 세월 자이나교 성지, 614개 돌계단 올라야

숲이 들어선 평원이 이어진다. 한참을 달리다 보니 평원 속에 예쁜 유방 모양의 볼록한 산이 솟아 멀리서도 눈에 띈다. 울퉁불퉁한 바윗덩이로 된 산이지만 곳곳에 나무도 자란다. 가까이 다가갈수록 선명해진 산 정상엔 석조 성곽과 그 안에 높이 세워진 사람 상반신 모양의 조각상이 드러난다.

이 볼록 솟은 산은 바로 빈디야기리 힐(Vindhyagiri Hill)이라 불린다. 이 산 위에 높이 솟은 신상은 18미터에 이르는 거대한 자이나교의 성자 고마테스바라 조각상이다. 이 조각상을 중심으로 한 여러 돌조각상을 새긴 성곽 안을 디감바라(공의파, 空衣派, Digambara) 사원이라 부른다. 공의파는 옷을 입지 않고 순수한 나체로 수행하는 자이나교의 정통파를 이른다. 빈디야기리 힐의 뒤편을 돌아온 것이다.

일행이 탄 차량은 오전 11시 30분쯤 빈디야기리 힐 정면에 있는 사원입구에 닿는다. 축제기간이 아니라 이 성지는 너무도 조용하다. 그럼에도 스라바나 벨라골라라는 작은 촌락엔 관광객을 맞이하는 상인들이 대기했고, 가게도 문을 열어뒀다.

계단이 끝나는 부분에 있는 디감바라 사원 정문.

빈디야기리 힐 앞쪽은 45도 각도의 너무나 큰 너럭바위 한 개가 정상까지 이어졌다. 디감바라 사원을 오르는 길은 이 너럭바위를 파 계단을 만들었다. 981년에 사원이 건설되었다니 천년 지난 긴 세월을 지키고 있는 셈이다. 너럭바위를 쪼아 만든 돌계단 수는 모두 614개. 워낙 큰 바윗덩이라 아주 가파른 곳도 있음은 물론이다. 숨이 찬 곳도 많다. 나그네가 보통 산을 오르는 걸음걸이로 이 계단을 타고 사원 입구에 이른 시간은 22분이 걸린다. 물론 계단 입구에서 신발을 맡기고 양말을 신고 올라야 한다.

자이나교

인도에는 기원전 1,500여 년부터 중앙아시아의 초원지대에서 반농·반목생활을 하던 아리아인이 북인도 지방으로 밀려들어 선주민을 남쪽으로 밀어내고 정착하면서 인도인의 선조가 된다. 이들의 신앙과 인도 고대의 토테미즘이 합쳐져 체계화되면서 힌두교(일명 브라만교)가 만들어진다. 초기 힌두교의 경전 「베다」는 인도의 종교·철학·문학의 근원을 이루었다.

그 후 기원전 6세기에 접어들면서 인도에 상공업이 발전하고 신문화가 일어나면서 수도자들을 중심으로 힌두교에 반발하는 종교개혁운동이 일어난다. 바로 힌두교의 희생제와 일원론, 그리고 브라만 계층의 권력에 대한 비판이 그것이다. 많은 개혁가 즉 수도자가 벌인 개혁사상에서 가장 인도인의 마음을 사로잡은 개혁운동이 자이나교와 불교다.

자이나교의 기원은 '마하비라(Mahavira)'에서 시작된다. 마하비라는 개혁운동을 벌인 사상가의 이름이 아니다. 위대한 인물 또는 영웅을 높여 부른 말이다. 자이나교에서는 마하비라 이전에 이미 23명의 지나(Jina: 승리자 또는 정복자) 즉 티르탕카라(Tirthankara: 여울을 건널 수 있는 길을 만든 사람)가 있었다고 한다. 마하비라는 단지 이들의 뒤를 이은 24대 티르탕카라이다.

마하비라는 기원전 599년 바이살리 크샤트리아 가문에서 태어난 군주의 아들이다. 본명은 '바르다마나(Vardhamana)'다. 초기 불교 경전엔 '니간타 나타푸타(Nigantha Nataputta, 尼乾陀)'로 기록돼 있다. 서른 살에 왕자의 지위를 버리고 구도의 길로 들어선다. 처음엔 다른 교단의 수행자와 함께 수도의 길을 걸었지만 독자적인 길을 개척, 12년간 금욕과 불살의 원칙을 철저히 지키면서 고행했다. 그는 고행 13년째 여름 자신의 육체를 비롯한 물질세계와 모든 욕망을 이겨내는 정신세계의 깨달음에 이른 '지나(Jina: 정복자)'가 된다. 이후 마하비라를 추종하는 이들을 '자인(Jain)'이라고 일컬었고, '자이나교(Jainism)'라는 새로운 종교가 탄생한다. 그는 지나가 된 후 30여 년간 제자들을 가르치다가 72세에 해탈해 열반했다고 전한다. 자이나교의 창시자를 마하비라로 부르듯 불교 또한 고타마 싯다르타를 외부에선 불교의 창시자로 간주하지만 내부에선 그 이전에도 많은 붓다들이 있었다고 주장하는 것과 마찬가지다.

자이나교가 불교와 마찬가지로 힌두교를 비판하면서 새로운 개혁을 부르짖었지만 그 바탕엔 힌두교의 세계관이 깔려 있다. 업(業)과 윤회(輪廻)를 인정한 것이 그 대표적인 사례다. 자이나교는 인간의 행위 하나하나마다 쌓인 업이 티끌처럼 영혼에 붙기 때문에 엄격한 금욕과 고행을 통해 영혼을 정화해야 한다고 주장한 것이다. 이 종교는 세상의 사물을 '생물(지바)'과 '무생물(아지바)'로 구분한다. 생물 중에서는 오감을 가진 인간이 가장 으뜸이며, 촉감만 지닌 식물이나 땅(地)·물(水)·불(火)·바람(風) 등 네 가지를 낮게 인식했다. 또 영혼은 불멸의 존재이지만 물질계를 벗어나야만 순수하다는 주장을 편다. 유일신의 존재는 부정했지만 유한한 존재의 신은 인정한다. 윤회에서 벗어나 해탈을 성취하는 것이 가장 큰 과제라고 주장한다. 이는 불교 교리와 흡사하다. 단식을 통한 자살로 해탈을 찾는 행위도 인정할 정도지만 해탈을 가장 잘 이뤄내는 방법은 금욕과 고행이라고 꼽는다.

마하비라의 이 같은 가르침은 후대에 와서 5대 서약으로 요약된다. ① 불살생(不殺生) 즉 어떤 생물도 죽이지 않음. ② 어떤 거짓말도 하지 않음. ③ 무소유 즉 어떤 탐욕도 지니지 않음. ④ 어떤 음욕도 품지 않음. ⑤ 어떤 집착도 갖지 않음이 그것이다. 이 5대 서약은 세부 실천항목이 워낙 엄격해 수도자가 아닌 일반신도 즉 재가자는 지킬 수 없다. 따라서 일반신도는 정견(正見: 올바른 믿음), 정지(正智: 올바른 지식), 정행(正行: 올바른 행위)이라는 삼보(三寶)를 통해 열반에 이를 수 있다는 완화된 교리가 채택된다.

자이나교의 핵심인 불살생의 원칙은 지키기가 몹시 힘이 든다. 농사를 지으면 해충이나 가축을 죽이는 경우가 많이 생긴다. 신도들은 이 핵심교리를 지키려고 농업을 기피해 상업 쪽으로 진출해 많은 재력을 쌓을 수 있게 된다. 특히 자이나교인은 평신도라도 높은 수준의 도덕을 실천하기에 사회적으로 존경을 받는다.

시다라 사원 출입문에 붙은 감실에 모셔진 자이나교 창시자 마하비라의 돌좌상.

마하비라 사후 자이나교라는 공동체도 교리의 갈등으로 분열을 겪는다. 공의파(空衣派: Digambara)와 백의파(白依派: Svetambara)로 갈린다. 공의파는 엄격한 금욕 수행을 주장한다. 심지어 벌거벗은 채 고행해야 한다는 주장을 편다. 반면 백의파는 최소한 편의는 인정해야 하고 외양에만 집착하는 것은 잘못이라고 맞섰다. 마하비라 사후 100여 년이 지난 기원전 4세기 말에 처음 자이나교의 경전을 만들기 시작했다. 이후 몇백 년에 걸쳐 59종의 경전이 만들어졌다.

불교와 자이나교는 유사성이 많다. 그럼에도 초기 불교에서는 자이나교를 육사외도(六師外道)의 하나로 간주해 견제해왔다. 자이나교는 불교와 달리 인도 민초들의 종교도, 지배층의 종교도 되지 못했다. 더구나 인도대륙 바깥으로 뻗어나가지도 못한 종교로 머물고 있다. 현재 인도의 자이나교도는 2-3백만 명으로 추산될 정도다. 12억 인구의 0.3퍼센트에도 못 미치는 숫자다. 그럼에도 이들은 적은 수에도 불구하고 상호부조의 힘이 강하다. 상인이나 금융업자가 절반 이상이라 인도에서 경제적인 영향력 또한 막강하다.

기원전 3세기 인도를 통일한 마우리아왕조의 창시자 찬드라굽타를 자이나교도로 꼽는다. 그는 재위 중엔 물론이고 양위 후 사망할 때까지 자이나교의 수행자였다고 전한다. 불교를 장려한 그의 손자 아소카(BC 273-232) 대왕도 불교도가 되기 전엔 자이나교도였다는 설이 전한다.

20세기에 들어선 인도 건국의 아버지 마하트마 간디가 자이나교의 영향을 크게 받은 인물이다. 그는 정통 힌두교인이지만 어린 시절 자이나교의 세력이 강한 뭄바이 인근에서 자랐고, 자이나교 성직자들을 많이 접촉해 그들의 사상이나 교리에 공감했다고 전한다. 그의 채식주의와 비폭력 사상 또한 자이나교에서 영향을 받은 것이라는 추측이 일반적이다.

29

자이나교 최고의 성지 디감바라 사원

스라바나 벨라골라(Shravana Belagola). 한반도 면적의 3배에 가까운 드넓은 데칸고원에 자리한 카르나타카주(면적 19만 1천8백㎢, 한국의 두 배에 조금 모자람)의 평원을 달리다 보면 가끔씩 바위산을 만나게 된다. 이 마을 또한 드넓은 평원 속에 자리했다. 마을 양쪽엔 큰 돌산 두 개가 서로 마주보고 있다. 그 복판에 마을이 형성됐다.

자이나교 최고의 성지인 디감바라 사원이 있는 돌산이 빈디야기리 힐(Vindhyagiri Hill)이다. 그 반대편의 돌산은 찬드라기리 힐(Chandragiri Hill)이다. 이 마을 중앙의 시외버스터미널 옆엔 큰 정사각형 석축 인공호수가 자리했다. 이 호수에서 마을을 바라볼 때 오른쪽이 빈디야기리 힐, 왼쪽이 찬드라기리 힐이다.

스라바나 벨라골라는 '하얀 연못의 수도승'이란 뜻이라고 한다. 하얀 연못이라니? 이 큰 정사각형 인공호수를 두고 한 말이겠지? '벨라(bela: 하얗다)'와 '골라(gola: 연못)'가 합쳐졌으니 하얀 연못이다. 그래서 그런지 호수 네 변 복판엔 모두 자이나교 사원이 세워졌다. 사각형 벨라골라 호수를 둘러싼 석축은 흰 돌임에 분명하다. 그러나 호수에 담긴 물은 푸른색이다. 이 호수는 17세기에 만들어졌다고 한다.

찬드라기리 힐 정상에는 아주 오래된 사원이 뿌리박고 있다. 찬드라굽타 바스티 사원이다. 기원전 3세기경 남인도 일부를 제외한 거대한 통일 제국을 이룬 마우리아왕조 3대 아소카 대왕이 지원해서 만들었다. 무려 2

벨라골라 호수 네 변 중앙마다 사원이 들어섰다. 그
뒤 언덕에 찬드라굽타 바스티 사원이 보인다.

천3백 년 세월을 훌쩍 뛰어넘은 유적이다. 자이나교 창시자 마하비라의 일생을 묘사한 기록과 자이나교 신상들, 그리고 20여 미터가 넘는 명예의 기둥과 돌로 지은 사원군이 보존돼 있다. 불교를 중흥시킨 인물 아소카 대왕은 다른 종교도 포용하는 폭넓은 정책을 폈던 고대 인도의 영웅이다.

그럼에도 스라바나 벨라골라 마을은 빈디야기리 힐 주변이 중심이다. 이 일대에 많은 자이나교 유적들이 흩어져 있어 관광객도 대부분 이곳을 찾기 마련이다. 이 일대의 유적은 빈디야기리 힐에 7곳, 마을 주변에 8곳이 있다. 빈디야기리 힐의 디감바라 사원이 중심임은 말할 나위도 없지만. 12년 만에 한 번씩 2월 초에 열리는 이름도 고약(?)한 자이나교 마하마스 따까삐세까 축제 땐 이 작은 마을에 1백만의 인파가 몰려든단다. 이때 이들 인파의 숙식 문제는 어떻게 해결할까? 물론 인근의 하산이나 마이소르 또는 방갈로르 등지에서 묵고 이곳으로 오는 신도들이 많겠지만 말이다. 그래도 또 좁은 읍촌에 그 많은 인파가 몰려든다면 과연 발 디딜 틈은 있을까? 특히 빈디야기리 힐의 디감바라 사원이 들어선 바위산은 어떤 모습으로 변할까? 그 많은 수의 신도들이 가파른 돌계단을 타고 오르내리다가 일어나는 사고도 엄청 많지 않을까? 대규모 축제행사를 치러내면서도 자이나교의 유적 보존은 어떻게 할까? 이처럼 큰 행사를 치러낼 수 있는 건 2천6백여 년이란 긴 세월 동안 면면히 이어진 종교의 힘이 아니면 과연 가능할까? 자이나교도들의 신심이 얼마나 깊으면 이런 난관을 헤쳐나갈 수 있을까? 등 많은 궁금증이 일어난다.

자이나교의 공의파와 백의파

자이나교 창시자 마하비라 사후 2백여 년이 지난 마우리아왕조 찬드라굽타왕 시대에 인도 마가다(Magadhi, 지금의 비하르주, 네팔 남쪽지역) 지방엔 심한 기근이 닥쳤다. 마가다 지방은 갠지스강 중류의 충적평야지대가 대부분을 차지하고 있어 예부터 쌀 등 농산물이 풍부했던 곳이다. 물산이 풍부한 곳이라 새로운 문명과 사상이 생성하는 자양이 됐다. 따라서

타락한 힌두교를 개혁하려는 불교와 자이나교가 이곳에서 생겼음은 물론이다.

　마가다 지방의 기근은 12년 동안 이어져 수많은 인명이 아사하기에 이른다. 이때 자이나교 수행자 바드라바후가 한 무리의 교도를 이끌고 수만 리 떨어진 남인도 지방으로 떠난다. 바로 자이나교가 남인도 쪽으로 전파된 계기가 된 사건이다. 또 다른 수행자 스탈라바후를 중심으로 한 마가다 지방 자이나교인들은 그곳에 남아 자연의 대재앙과 맞선다. 데칸고원을 중심으로 한 인도대륙 아래쪽 남인도 지방에 머물렀던 자이나교인 대부분은 기근이 끝나고 마가다 지방으로 환향한다. 이들은 오랜 시간에 걸친 수만리 대이동이라는 어려움 속에서도 수행 방식을 엄격히 지켜냈다. 반면 마가다 지방에 잔존했던 교도들은 생존하기 위해 수행 방식을 수정하지 않을 수 없었다.

　두 집단은 수행 방식을 두고 의견 차를 없애기 위해 여러 차례 회합을 가졌으나 끝내 합의 도출에 실패한다. 이 사건을 계기로 자이나교는 두 파로 갈린다. 남쪽에서 귀향한 정통 수행 방식을 고집했던 이들을 공의파(空衣派: Digambara)라 부르고, 마가다 지방에 잔존해 수행 방식을 수정했던 파를 백의파(白衣派: Svetambara)로 부르게 됐다.

　공의파는 엄격한 금욕과 나체 수행, 철저한 채식주의를 지켰다. 그들은 옷을 욕심의 근원으로 생각했다. 인간이 최초로 가진 게 몸을 가린 나뭇잎이나 옷의 형태일 것이다. 또 무소유 즉 모든 걸 버린다고 해도 몸에 걸친 옷만은 남기기 마련이다. 그래서 그 옷마저 벗어던져 버리면 정말 아무것도 남는 게 없는 무소유를 실천하는 게 아닐까? 그들이야말로 자이나교의 5대 서약 중 세 번째 "무소유 즉 어떤 탐욕도 지니지 않음"을 지켜내는 수행자임이 분명하다. 나체 수행자의 정신세계가 너무 깊다는 걸 새삼 깨닫는 계기가 되었다. 그들은 살아 있는 신이나 마찬가지다. 나체 수행자가 지나가면 일반신도들은 발에 입을 맞추기도 한다. 그들은 여성만은 교단에 받아들이지 않는다.

백의파는 채식주의를 비롯한 다른 교리는 지켜나가지만 상당히 시대상황에 맞게 바꾸었다. 특히 흰옷을 입고 수행하기에 이른다. 자이나교의 수행자들은 이렇게 고행과 무소유 등 5대 서약을 철저히 지켜나가는 반면 일반신도들은 가정에서 서약 지키기에 전력을 다하기에 사회에서 존경의 대상이 될 수밖에 없다.

불교는 인도에서 거의 신도가 없는 대신 동남아 등 해외에 뿌리를 내린 종교다. 반면 자이나교는 해외로 뻗어나지 못했을 뿐 아니라 인도 내에서도 소수의 신도를 가진 종교에 머물렀지만, 명맥을 유지하는 데는 그만한 이유가 있다. 자이나교는 신의 존재를 인정하면서도 자아(自我)보다 낮은 위치에 둔다. 또 계급사회(카스트제도)에 대한 비판도 불교처럼 강하지 않다.

사람이 높거나 낮은 가문에서 태어나는 이유는 전생에서 지은 업(業: 카르마) 때문이기에 전생의 업을 수행을 통해 씻어내고, 현생에서 더이상 업을 짓지 않으면 누구라도 해탈할 수 있다는 게 자이나교 교리의 핵심이다. 힌두교의 카스트제도를 철저하게 반대했던 불교는 해외로 뻗어나갈 수 있었지만 인도 내에선 설 땅이 없었던 반면 자이나교는 이 같은 이유 때문에 소수로 명맥을 이어갈 수 있었고, 또 신도들은 사회적으로 존경을 받는다.

디감바라 사원
나그네는 오전 11시 30분 드디어 빈디야기리 힐의 디감바라 사원(Digambara Temple: 공의파 사원)을 향해 가파른 돌계단을 오르기 시작한다. 정오에 가까운 시간이라 돌계단은 이미 햇살에 달아올랐다. 두터운 양말을 신었지만 발바닥이 뜨겁다.

돌계단은 분리대를 가운데 두고 오르는 길과 내려오는 길이 나누어져 있다. 두 길 모두 철제 난간을 세워 손잡이로 이용한다. 10여 분 오르자 숨이 찬다. 계단 난간을 잡고 뒤를 돌아보자 한동안 머뭇거리던 정 사장님과

정교한 조각 새긴 돌기둥을 모신 티아가다 캄바 정자.

시다라 사원 출입문 옆에 자리한 큰 바윗덩이.

아샤 양이 그제야 첫 계단을 밟고 오른다. 계단 위쪽을 쳐다보니 일행 한 분이 20여 미터쯤 앞서 올라가고, 서양인 관광객 내외가 내려올 뿐 텅 빈 계단길이다.

5분쯤 오르다가 다시 아래쪽을 내려다본다. 눈 아래 정사각형 벨라골라 인공호수가 펼쳐졌다. 네 변마다 복판에 세워진 사원들의 모습이 선명하다. 호수에 담긴 물은 야자수와 주변 나무색깔과 꼭 같은 녹색이다. 그 뒤로 찬드라굽타 바스티 사원이 자리한 찬드라기리 힐 정상부분이 한눈에 들어온다.

20미터가 넘는 우뚝 솟은 명예의 기둥과 사원군의 모습, 그리고 그 오른쪽 바윗덩이 산과 바위틈에 자란 큰 나무들이 잡힌다. 그 아래엔 스라바나 벨라골라 마을이 엎드려 있고, 머리를 오른쪽으로 더 돌리자 마을 뒤편의 드넓은 데칸고원의 지평선이 아스라이 해면처럼 출렁인다.

다시 힘든 발걸음을 떼어놓는다. 한 계단 두 계단 오르는 게 숨이 찬다. 고개를 위로 젖혀 보니 사원을 둘러싼 석성과 계단이 끝나는 부분과 연결된 사원 정문이 얼마 남지 않았다. 앞서 오른 일행은 벌써 정문에서 이마의 땀을 닦으면서 발아래 펼쳐진 풍광을 감상하는 여유를 부린다. 나그네도 마지막 5분을 힘겹게 오른다. 그리곤 정문에서 또 눈 아래 펼쳐진 시원스러운 풍광을 카메라에 담는다.

돌로 쌓은 성곽 정문을 들어선다. 성곽 안 전체의 사원군을 통칭해 디감바라 사원이라고 부른다. 성곽 정문 오른쪽으로 조그마한 바스티(Basti: 사원)가 보이고, 왼쪽으론 우데갈(Wodegal) 사원이 있고, 오른쪽 뒤로는 첸난나(Chennanna) 사원이 자리했다.

다시 30여 개의 돌계단을 오른다. 계단 위엔 네 개의 돌기둥이 받친 석조건물의 출입문이 앞을 가로막는다. 그 출입문을 들어서자 왼쪽 석실에 자이나교의 창시자 마하비라의 검은 돌조각상이 안치되었고, 또 정교한 조각을 새긴 돌기둥을 모신 티아가다 캄바 정자가 눈길을 사로잡는다.

그리곤 어렵게 시다라(Siddhara: 완전을 성취한 자이나교 성자) 사원에 이른다. 출입문 왼쪽엔 큰 바윗덩이가 붙었다. 그 바위엔 크고 작은 많은 수의 자이나교 신상을 정밀하게 조각해 그냥 지나칠 수 없도록 했다.

출입문(Akhanda Bagilu) 위엔 두 마리의 코끼리가 락슈미의 좌우에서 코로 물을 뿌려대는 가자·락슈미 조각상이 새겨졌다. 출입문을 통해 바위 산 정상의 시다라 사원에 들어서서 만다파를 지나자 바로 고마떼스와라 (Gomatesvara)의 거대한 돌나신상이 눈앞을 가로막는다.

자이나교 전설에 등장하는 바후발리(Bahubali)를 모델로 한 높이 18미 터의 나신상은 하나의 암석을 조각한 모놀리식(monolithic) 거석 조각상이 다. 20킬로미터 거리 밖에서도 보이는 세계 최대의 신상이다. 이 석상 은 워낙 거대해 고개를 뒤로 젖히지 않곤 한눈에 다 볼 수 없을 정도의 크 기다.

이 나신상의 주인공은 바후발리다. 그는 기원전 10세기경 리샤바왕의 아들로 바라타왕국의 후계를 놓고 왕자 간 다툼을 벌인 인물이다. 그는 형 제 중 막내로 태어났다. 형제들은 왕권을 두고 다툰다. 그는 왕권을 거머 쥐자마자 환멸을 느끼고 형 바라타에게 왕국을 바치곤 바로 고행에 들어 간다. 그는 두 발을 모으고 양팔을 붙인 채 선 카요트사르가(kayotsarga) 라는 자세로 깨달음을 얻을 때까지 명상에 잠긴다. 이 명상을 통해 자이나 교에서 구원자라는 뜻의 첫 번째 티르탕카라(Tirthankara)에 오르게 된 것 이다.

명상 기간 중 나무덩굴(보리수 줄기)이 그의 몸을 휘감아 다리는 물론 팔까지 감았다. 또한 두 발 앞에는 개미집까지 지어져 있어 완벽한 무념무 상의 경지에 들어갔음을 보여준다. 이게 바로 고행의 상징일 것이다. 무소 유를 의미하는 벌거벗은 그의 나신상 주위 회랑에는 24명의 티르탕카라 신상이 진열되었다.

거대한 나신상은 긴 팔에 비해 다리가 짧다. 정상적인 인체 각 부분의 비례에 맞지 않는 구도로 조각돼 예술적인 가치를 따지긴 어렵다. 이 신상 은 마이소르 지방을 한때 지배했던 서강가왕조(Western Ganga Dynasty,

빈디야기리 힐의 디감바라 사원에 모셔진 18미터 높이의 고마떼스와라 나신상.

AD 350-999) 24대 라차말라 4세(Rachamalla IV, 재위 975-986) 왕이 집권하던 981년에 만들어졌다. 이 서강가왕조는 촐라왕조의 라자라자 촐라 I 세(Rajaraja Chola , 재위 985-1014)에게 병합되고 만다.

30
시다라 사원

이 빈디야기리 힐(Vindhyagiri Hill)이라는 큰 돌산 자체가 사원이나 마찬가지다. 계단을 깎아 만들고, 사원과 신상 등을 쪼아 만들었다. 또 사원으로 통하는 바위 표면엔 옛 경전을 새긴 곳이 많다. 이들 경전 문자 유적이 비바람과 사람의 발길로 닳아버리는 걸 조금이라도 막아보기 위해 그 위에 플라스틱 보호막을 설치해두기도 했다.

12년마다 열리는 축제 땐 1백만 명의 자이나 교인들이 참석해 높이 18미터의 고마떼스와라 나신상 주위에 설치한 가설 자재에 올라 우유와 설탕, 그리고 코코넛 워터를 섞어 나신상 머리 위에 들이붓는 의식을 치른다. 이 행사가 열릴 땐 나신상을 비롯한 사원을 모두 깨끗하게 씻어내고 또 청소한다. 행사가 열렸던 연도별 사진들도 시다라 사원 한쪽 벽에 전시해 의식의 성대함을 실감케 해준다.

일상의 의식 또한 흥미롭다. 석상 앞에 노란 예복과 황금색 왕관까지 쓴 사제가 여러 신도들과 함께 노래를 부르며 석상의 발등 위에 올라가 우윳빛 액체를 붓는다. 신도들은 박수 치고 노래 부르고, 여러 악기가 연주되고, 심지어 요즘엔 전자피아노까지 등장한다. 이어 고마떼스와라 나신상 앞에 모셔놓은 팔뚝만한 황금 나신상에 우윳빛 액체를 머리 위에서부터 붓는 의식도 함께한다. 이땐 신으로 추앙받는 나체 수행자들이 석상 아래에 나와 앉아 의식을 함께 올린다.

바위산 정상의 시다라 사원의 출입문(Akhanda Bagilu)부터 볼거리가

24개 돌기둥으로 새워진 첸나나 바스티 기둥에 새겨진 여인상.

시다라 사원 정문을 들어서면 보이는 여인상과 얼룩말·코끼리상 부조.

널렸다. 출입문은 잘 조각된 돌기둥 네 개가 지붕을 받치고 있다. 돌로 만든 지붕 정면에도 갖가지 조각이 부조돼 눈길을 끈다. 출입문 기둥 옆 벽면엔 불교사원의 사천왕상과 비슷한 호신상이 부조되어 있다. 팔에 큰 무기를 들고 머리 위에 올려 악과 부정을 막아주는 형상을 취한다.

문을 들어서자 벽면에 코끼리와 얼룩말 돋을새김이 눈길을 끈다. 이들 돋을새김의 형상의 주요 부분은 주황색을 칠해 한층 돋보이도록 했다. 또 다른 벽면엔 목걸이와 유려한 의상을 입고 관을 쓴 입상 조각 여인상이 서 있다.

이 출입문을 통과하면 넓은 예배공간인 만다파다. 바로 '굴레카이 아이 만다파'라고 새긴 돌로 만든 입간판이 세워졌다. 만다파 마당엔 팔각 3층 돌기단 위에 낮은 팔각 돌기둥을 세운 유적을 사각 철봉 보호대로 둘러놓았다. 고마떼스와라 나신상 뒤편엔 석조건물이 붙었다. 석조건물 전면 상단엔 자이나교의 구원자인 티르탕카라(Tirthankara) 신상이 조각돼 있다.

건물 안쪽 나신상 뒤쪽 일직선상엔 연꽃을 새긴 예물 받침대 3개가 연이었고, 그 뒤쪽 2층짜리 자그마한 석조건물이 나타난다. 이 석조건물 1층과 2층엔 자이나교의 창시자로 불리는 24대 티르탕카라 마하비라의 검은 돌로 만든 신상이 모셔졌다. 1층의 신상은 입상이고, 2층 신상은 좌상이다.

시라다 사원의 고마떼스와라 나신상을 둘러싸고 여러 채의 석축건물이 들어섰다. 이들 석축건물의 기둥과 천장 조각은 아주 정교하고 섬세한 데다 화려하기 짝이 없을 정도다. 특히 기둥과 천장을 잇는 주두(柱頭)부분의 조각은 3단으로 앙련(仰蓮)을 조각했다. 드라비다인들의 그 조각 솜씨에 또 다시 탄성이 터지고 만다.

시다라 사원 본전 천장의 우아한 조각.

천장의 복판 마름모꼴 조각들은 더욱더 기가 찬다. 움푹 판 마름모 중앙엔 복련(覆蓮)과 앙련을 새겼고, 정중앙 부분은 연꽃잎을 여러 겹 새겨 공기처럼 볼록하게 튀어나오도록 조각해 쳐다보는 이의 눈을 황홀하고 아찔하게 한다. 다른 석조건물 또한 단층 또는 2층인데, 옥상엔 어김없이 자이나교 신상을 새긴 탑 모양의 석조물들을 조각해뒀다.

고마떼스와라 나신상이 들어선 시다라 사원 안은 이들 유적 외에도 넓은 공간이 있다. 사원을 둘러싼 사방 벽 또한 석조물이다. 사원 후문 근처 벽면의 형태는 마치 아테네 신전 모양으로 돌기둥들을 세웠고, 석판을 얹었다. 후문을 나서면 높은 벽면 복판에 커다란 물고기 두 마리가 마주 보고 있는 아름다운 부조가 새겨졌다. 물고기 부조 아래 위 그리고 옆엔 원형 안에 나신상들이 조각되어 있다. 또한 앞 출입문의 벽면에도 큰 물고기 부조와 게, 그리고 사자가 사람을 물려고 달려드는 형상의 조각을 새겨놓아 눈을 즐겁게 만든다. 또 무섭게 생긴 암수의 동물이 짝짓기하는 조각도 선명해 얼굴을 뜨겁게 만든다.

힌두교와 불교, 그리고 자이나교에서의 물고기

힌두교의 3대 신은 우주창조의 신 브라흐마, 유지의 신 비슈누, 파괴의 신 시바다. 이 3대 신 중 비슈누는 앞으로 닥칠 우주의 해체 시기에는 칼키(Kalki)라는 화신으로 이 지상에 내려올 것이다.

힌두교에서는 3대 신의 한 분인 비슈누가 물고기로 화신해 악을 물리치고 우주를 유지시킬 정도로 물고기를 중요시했다. 불교에서도 물고기를 아주 숭상한다. 불교에서의 물고기는 대자유 속에서 쉼 없이 정진하는 수행자를 상징한다.

불교 사찰에선 살아 있는 동물사육을 금기시한다. 단지 물고기만은 예외로 연못에 놓아 기른다. 사찰에는 연못에만 물고기가 있는 게 아니다. 물론 물고기 형상들이지만. 대웅전 등 처마 끝에 달린 풍경엔 물고기 형상의 쇠붙이가 달려 청아한 소리를 낸다. 또 불전 건물의 공포(栱包: 처마 끝

의 무게를 받치기 위하여 기둥머리에 짜맞추어 댄 나무쪽)에도 물고기가
조각돼 있다.

　뿐인가. 불전의 천장에도 조각된 물고기가 보인다. 목탁(木鐸)과 목어
(木魚) 또한 물고기 형상을 한 것들이다. 영남지방 사찰에서 많이 볼 수
있는 쌍어문(雙魚文)도 물고기와 관련된 것임은 말할 나위도 없다. 특히
영남지방 사찰 중에는 고기 어(魚)자가 들어간 절이 많다. 동래 범어사(梵
魚寺)·밀양 만어사(萬魚寺)·포항 오어사(吳魚寺) 등을 들 수 있다. 선종
(禪宗)의 사찰규범 지침서인『백장청규(百丈淸規)』엔 "물고기는 밤낮으
로 눈을 감지 않으므로 수행자로 하여금 자지 않고 도를 닦으라는 뜻으로
목어를 만들었으며, 또한 목어를 두드려 수행자의 잠을 쫓고 정신 차리도
록 꾸짖는다."고 적고 있다. 그럼에도 자이나교에서 물고기와의 관계에
대해서는 언급한 예를 볼 수 없지만, 이 종교 역시 불교와 마찬가지로 힌
두교에서 출발했기에 이 시다라 사원 외벽에 물고기를 조각해놓았던 것

시다라 사원 외벽에 조각된 물고기.

이리라.

발길이 쉽게 떨어지지 않지만 되돌릴 수밖에 없는 게 관광객인 나그네의 처지다. 시다라 사원 정문을 무거운 발걸음으로 빠져나온다. 정문에서 본 바깥세상은 들어올 때 내려다본 그 세상과는 또 다른 세상이란 느낌이 일어남은 웬일일까? 일망무제. 그렇다. 시야에 펼쳐진 푸른 숲과 황토, 그리고 뱀 몸뚱이처럼 휘어지고 굽은 강물, 그 뒤로 데칸고원의 끝없이 이어진 너울대는 지평선은 나그네의 근심과 걱정마저 훌훌 털어버리고 만다. 천년 세월 전 크고 큰 너럭바위를 쪼아 만든 이 사원, 그 멋진 조각들, 면면히 이어진 의식, 진정 뇌리에서 지워지지 않을 유적이 아니던가. 드라비다인들. 그들은 천 년 전에 이 같은 위대한 건축물과 빼어난 조각품을 이뤄냈을 뿐 아니라 이제까지 여러 의식을 이어오며 자이나교란 종교를 잘 지켜냈다. 이 사원을 만들 때 드라비다인 석공들의 돌다듬질에 받친 피와 땀의 결실에 다시 감탄과 존경의 염을 올리지 않을 수 없다.

시다라 사원 정문 계단을 내려온다. 올라올 때 들러보지 못한 유적들을 놓치고 갈 순 없지 않은가? 내려오면서 주위에 넓게 펼쳐진 너럭바위 일대는 자이나교 성자들의 무덤이 있는 성스러운 곳이다. 그곳에 몇 개의 돌로 만든 사원 또는 건축물 몇 곳이 흩어졌다. 내리막길 계단 오른쪽 제법 큰 2층 돌사원은 도괴될 위험을 막기 위해 기둥마다 엇비슷하게 또 다른 돌기둥을 받쳐놓았다. 출입도 통제돼 들어가 볼 수가 없다.

내리막 계단 왼쪽엔 단층의 사원이 자리했다. 이곳은 8대 티르탕카라 찬드라프라바를 모셨다. 사원 홀 안쪽 출입구가 잠겨 있어 들어가 보지 못해 아쉬움이 컸다.

이 사원 옆 아래쪽엔 높이 15여 미터에 이르는 멋이 넘치는 돌기둥이 서 있다. 이 돌기둥의 이름은 쿠게 브라흐마 스탐부하(Kuge Brahma Stambha)다. 5단 기층 위에 세워진 기둥 아랫부분엔 자이나교 신상 조각이 새겨졌고, 둥근 기둥 중간중간에도 무늬 조각을 했다. 기둥 꼭대기는 불교사원의 석등처럼 생긴 모양의 석조물을 얹어놓았다. 자세히 보니 석

15미터 높이의 멋지게 뻗은 석주.

시라다 사원 뒷쪽엔 아테네 신전 모양의 돌기둥을 세운 석조건물도 보인다.

등처럼 생긴 석조물 속에 돌기둥을 세워놓았다. 이 기둥도 고마뗴스와라 나신상처럼 먼 곳에서도 보인다.

또 그 옆 돌계단 부근엔 그리스나 로마의 신전처럼 생긴 사원이 서 있다. 24개의 돌기둥과 그 기둥 위를 연결한 돌기둥 들보를 얹어놓았다. 물론 기둥 사이는 벽이 없고, 들보 위에 걸친 천장 돌기둥도 드문드문 놓아 하늘이 다 보이는 아주 특수한 건축물이다. 바로 첸나나 바스티 사원이다. 예배를 드리는 만다파다. 24개의 기둥은 너럭바위의 평평한 면 위를 쪼아 기단을 만들고 그 위에 기둥을 조각한 것이다. 그러니 천년 세월을 버텨낼 수 있지 않았을까. 24개 기둥의 아랫부분마다 새겨진 여인상은 수려하다. 두 손을 가슴께에 정성껏 모아 쥐고 엇비스듬히 선 자태, 미소를 머금은 두툼한 입술, 아래로 내리깐 두 눈 등 어느 한 부분 나무랄 데 없는 수작임에 놀란다.

오를 땐 못 봤지만 돌계단 초입에 세워진 석문 위에도 두 마리의 코끼리가 락슈미의 좌우에서 코로 물을 뿌려대는 가자·락슈미 조각상이 보인다. 시간 때문에 스라바나 벨라골라라는 작은 마을 주변에 흩어진 8곳의 유적을 둘러보지 못한다. 물론 아쉽지만 찬드라기리 힐 정상에 자리한 2천 3백 년의 세월을 넘긴 찬드라굽타 바스티 사원도 보지 못하고 이 마을을 떠날 수밖에 없다. 시간이 낮 12시 35분을 지난다. 일행은 서둘러 차에 올라 마지막 일정에 잡힌 벨루르와 할레비두로 떠난다. 이 두 도시는 11-14세기 마이소르 지방을 지배했던 호이살라왕조의 유적이 남은 곳이다.

31

할레비두 호이살레쉬와라 사원

스라바나 벨라골라를 벗어난 시간은 낮 12시 30분. 일행은 할레비두(Halebid, 영어 Halebeedu)로 향한다. 스라바나 벨라골라에서 승용차로 10여 분간 8번 지방도를 타고 북쪽으로 가면 48번 하이웨이(망갈로르 ↔ 방갈로르)에 접속된다.

이 고속도로에 올라 망갈로르 방향으로 30여 분 달리면 하산(Hassan)이란 교통의 요지에 닿는다. 하산은 제법 큰 도시다. 여기서 간단하게 점심 먹곤 57번 지방도를 타고 북쪽으로 오르면 40여 분 만에 할레비두에 닿는다. 오후 3시 10분쯤이다. 스라바나 벨라골라에서 48번 하이웨이 망갈로르 ↔ 벵갈로르에 접속하기 위해 탄 8번 지방도는 너무 한적하다. 도로변 주위는 데칸고원의 대평원이 이어진다. 왕복 2차선 포장도로 양쪽의 가로수는 키 큰 노목들이라 자란 가지가 공중에서 서로 엉켜 햇볕이 들지 않는다. 오토바이나 자전거를 타고 오가는 행인이 가끔씩 보일 뿐이다.

48번 고속도로에 접속하자 차량 왕래가 많다. 이 고속도로는 카르나타카주 동·서를 잇는 대동맥이다. 주도(州都) 방갈로르에서 남서쪽 말라바르해협의 항만도시를 관통하기에 차량이 많을 수밖에.

할레비두 변두리에 들어선다. 도로는 아스팔트 포장이 채 끝나지 않은 상태다. 도로변에는 하늘만 천으로 가린 난전들이 이어졌다. 대부분 야자열매를 쌓아놓은 가게다. 지나가는 행인에게 야자열매를 판다. 리어카 위에 야자열매를 놓고 파는 상인도 보인다.

할레비두 초입의 난전.

　때마침 한 무리의 양 떼가 도로 위에 나타난다. 이곳의 귀가 큰 양들은 갖가지 색깔의 털을 가져 큰놈이라도 너무 살갑게 느껴진다. 일행은 이 무리 속에 섞여 사진을 찍는다.

　할레비두는 11세기 초-14세기 중엽 남인도 카르나타카주를 지배했던 호이살라왕조의 왕도다. 이 왕조의 군왕들은 처음 자이나교를 신봉했으나 힌두교로 돌아선다. 따라서 시바 신을 모신 사원을 건축한다. 그게 바로 유명한 호이살레쉬와라 사원(Hoysaleshvara Temple)이다. 이 사원에는 관광객의 발길이 끊이지 않는다.

　이 사원은 호이살라왕조가 독립하기 전인 1121년에 건축을 시작해 39년 만인 1160년 완공된 것이다. 호이살라왕조 양식의 대표적인 독특한 건축물의 하나다. 이 왕조미술의 대표적 건축물은 1백여 년의 세월 동안 조각을 새겨 1117년에 완공된 인근지방 벨루르의 첸나케샤바 사원(Chennakesava Temple), 한 세기 반이 뒤처진 1268년에 완공한 솜나트푸르의 케샤바 사원(Kesava Temple) 등 3곳을 꼽는다. 호이살라왕조의 수도 할레비두, 그 옛 이름은 도라사무드라(Dorasamudra)다. 이 도시는 1311년 북인도 델리의 이슬람정권 할지왕조 2대 군주 알라우딘 할지(Ala al-Din khalji, 재위 1296-1316)의 남인도 원정군에 의해 쑥대밭이 돼버린다. 그 후 죽음의 도시란 뜻의 할레비두로 바뀐다. 우상을 인정하지 않는 무슬림 군대가 무참히 휩쓸고 지나간 죽음의 도시에 그나마 호이살레쉬와라 사원이 남아 있다는 게 "기적에 가까운 일"이라고 인도미술학계가 평할 정도다.

호이살레쉬와라 사원의 정문.

호이살라왕조

데칸고원 지방엔 1006년쯤 호이살라라는 지방 호족이 힘을 키운다. 이 호족은 6-13세기 데칸고원에서 세력을 떨치던 찰루키아왕조의 봉신(封臣)으로 세력을 키우던 중 1192년 발라라 2세(Ballala Ⅱ, 제위 1173-1220)라고 불린 영명한 지배자가 독립왕국을 선언한다. 북방의 찰루키아왕조는 호이살라왕조가 독립하면서 멸망한다. 대신 그 자리에 야다바왕조(Yadavas Dynasty, 1187-1312: 북·서 데칸 지방을 지배했던 왕조)와 카카트야왕조(Kakatiya Dynasty, 12-14세기: 인도 동남부 안드라 푸라데시주 와랑갈을 중심으로 번영한 왕조)가 들어선다. 또 남방에선 판디야왕조와 촐라왕조가 힘을 겨루는 혼란의 시기를 맞는다. 호이살라왕조는 북쪽 야다바왕조와의 남침전쟁을 벌이는 한편 남방으론 촐라왕조를 도와 왕국을 지켜낸다. 그러나 14세기 초부터 왕성한 세력을 키운 북인도 델리의 이슬람 정권이 남인도 토벌대를 내려보내자 그 힘을 막아내지 못하고 결국 1346년 멸망하고 만다.

호이살라왕조시대는 북인도와 남인도의 미술 요소를 결합시킨 데칸고원 양식이란 독특한 예술을 만들어낸다. 그 대표적인 사례가 사원건축 방식이다. 힌두교 사원은 비마나(Vimana: 사원의 본전) 열주가 있는 만다파로 구성된다.

데칸고원 양식은 여러 개의 비마나를 세우고 각 비마나의 평면을 별(星) 모양으로 만든 게 특징이다. 요철이 많은 별 모양(星形)의 비마나 벽면엔 엄청난 수의 세밀한 부조를 새겨 장식했다. 이를 두고 북인도와 남인도의 힌두사원과는 다른 형태인 호이살라 양식이라고 부른다. 이 양식을 제3형식인 '베사라(Vesara)' 양식이라고도 부른다.

힌두사원에는 비마나의 위쪽에는 높은 탑이 솟아 있다. 탑은 우주의 중심인 메루산을 상징한다. 이 탑 모양에 따라 북방 즉 나가라 양식과 남방 즉 드라비다 양식으로 각각 구분된다.

북방 양식인 나가라 형식에서 이 탑을 '시카라(Sikhara)'라고 부른다. 이

탑은 작은 구성요소들이 수직적으로 반복되어 곡선형으로 띠를 이루면서 위쪽으로 솟는 산봉우리 방식을 취한다. 구성요소들이 위쪽으로 올라가면서 안쪽으로 줄어들어 마무리된다. 탑의 형상은 마치 옥수수를 세워놓은 모양을 방불케 한다. 이 형식의 대표적인 사원은 오리사의 부바네쉬바르 사원과 중인도 지방 카주라호에 있는 많은 힌두사원들에서 볼 수 있다.

남방 양식은 남인도의 타밀 지방이 중심이다. 팔라바왕조의 후원으로 만들어진 마드라스 부근 마말라푸람의 여러 사원들과 칸치푸람의 사원이 대표적인 남방 형식이다. 탑은 피라미드 형태의 층이 반복되며, 정상엔 시카라라고 불리는 반구형 돔이 올려 있다. 특히 사원은 담장으로 둘러싸여 있고, 각 변의 출입문 위에는 엄청나게 높은 고푸람이 솟아 있다. 만다파 역시 엄청나게 기둥을 많이 세워 천주(千柱)의 만다파 등으로 불린다.

할레비두 또한 옛 왕도로서의 화려한 옛 모습을 찾아볼 수 없는 조그마

별 모양의 벽면에 끝없이 이어지는 호이살라 양식의 조각이 강물처럼 흐른다.

호이살레쉬와라 사원의 동쪽 파빌리온엔 시바의 탈것인 난디가 모셔져 있다.

한 시골마을에 불과하다. 호이살레쉬와라 사원은 이 마을의 중심부에 위치한다. 북쪽에 난 출입문을 들어서면 커다란 야자수 두 그루가 시멘트 블록이 깔린 곧은 길 양편에 자리해 뒤쪽 검게 변한 낮은 사원 건물을 지켜준다. 사원 부지는 상당히 넓다. 사원 주위는 푸른 잔디가 깔려 있고, 잔디 위에서 휴식을 취하는 현지인들도 많이 보인다. 사원은 비마나 위쪽에 솟아 있을 높은 탑이 없으니 사원 건물 전체가 낮을 수밖에 없다. 아마 북인도 델리의 이슬람 세력이 침범했을 때 손상돼 없어지지 않았을까 하고 추측한다. 탑이 없는 대신 돌 기단이 엄청 높아 그나마 사원의 체면만은 겨우 차린 편이랄까.

사원의 동쪽에는 시바 신의 탈것 즉 바하나인 황소 난디가 파빌리온에 모셔졌다. 서쪽엔 시바와 그의 상징인 남근상 링가, 그리고 그의 부인 파르바티를 모신 두 채의 큰 신전이 붙어 있는 요철이 심한 별 모양의 건물이다. 기단의 높이는 1.6미터 정도로 아주 높다. 출입구의 돌계단만도 여남은 층계에 가깝다. 기단과 비마나의 지붕까지는 열한 겹의 층으로 이뤄졌다. 이 열한 겹 층은 힌두교 인간 윤회의 11단계를 의미한 것이리라.

　이 사원은 39년이란 긴 세월에 걸쳐 건축되었지만, 벽면과 본전 안, 그리고 만다파의 열주 등에 워낙 많은 수의 부조를 새겨야 했기에 미완성된 부분들이 간간이 눈에 띄기도 한다.

　기단과 비마나 벽면에 새겨진 조각들은 힌두교 대서사시 「마하바라타」와 「라마야나」에 등장하는 신들과 동물, 그리고 무희·나무덩굴 등등이 너무나도 정교하고 섬세하게 묘사되어 있다. 이 조각들은 끝없이 이어지는 힌두교의 대서사시처럼 수를 셀 수도 없이 벽면을 타고 강물처럼 흐른다. 그렇다. 이들 부조를 보면 캄보디아 앙코르와트의 전장 760미터에 이르는 제1회랑 벽 부조가 떠오름은 웬일일까. "과연 인간이 쪼아 만든 작품일까? 아니면 신의 작품일까?" 하는 느낌과 함께 온몸을 짜릿하게 하는 전율을 또다시 이곳에서 체험한다. 기단 출입구 돌계단을 타고 오른다. 비마나가 눈 앞에 펼쳐진다. 쳐다만 봐도 혼이 빠질 지경이다. 뭣을 먼저 보고 무엇을 다음에 봐야 할지 모를 정도로 분별력이 마비되고 만다.

　비마나 출입문 좌우엔 앙증맞을 만큼의 작은 사원 두 채가 양쪽에 버틴다. 높이는 2미터에나 이를까. 건물은 작지만 돌조각들은 눈을 홀려 아찔하게 만든다. 두 사원은 똑같은 모양이다. 얕은 기단 위에 떠 있는 사원의 맨 아래층과 두 번째 층엔 왕국의 보존을 의미하는 각각 다른 모습의 코끼리들이, 그리고 그 위층엔 왕의 권위를 상징하는 사자상들이 조각돼 있다. 코끼리와 사자상들은 마치 살아 움직이는 듯 느껴진다. 또 위층은 삶의 충만을 뜻하는 미려한 꽃덩굴무늬가 새겨졌고, 그 위층은 얕고 넓은 석판이다. 석판 위에 멋진 조각의 열주들, 그 위에 지붕이 얹혔다. 지붕의 각 모서리는 하늘로 향한 듯 치켜들었다. 지붕 위엔 호이살라왕조 양식의 독특한 탑, 즉 별 모양의 시카라가 올려졌다.

32

호이살레쉬와라 사원·2

할레비두의 호이살레쉬와라 사원. 고푸람은 없지만 시바와 그의 비(妃) 파르바티를 모신 두 개의 신전이 붙어 있는 형태로 이루어졌다. 신전 동쪽 만다파 앞엔 시바 신의 탈것인 난디를 모신 별도의 신전이 있다. 사원 북쪽 출입구 쪽의 앙증맞은 두 탑 뒤로 다시 돌계단이 이어진다. 직사각형 돌문 양쪽엔 옅은 바위를 조각한 각각 다른 모습의 여신상이 비마나(Vimana: 사원의 본전)로 들어가는 이들을 반긴다.

두 여신상 중 동쪽의 여신상이 더 눈길 머물게 한다. 아름답기 짝이 없는 관(冠)을 썼다. 머리 뒤쪽엔 마치 부처상처럼 화려한 조각을 누빈 하트 모양의 광배가 빛난다. 머리에 쓴 관의 장식 조각은 더욱더 화미하다. 아름다운 얼굴에다 전신을 휘감은 치렁치렁한 의상 조각 또한 빼어났다.

서쪽 여신상 또한 하반신을 약간 비틀어 섹시한 감을 불러일으킨다. 의상 역시 정강이 아랫부분이 드러날 정도로 미니 원피스에 유방도 볼록하고 도드라지게 조각했다. 단지 머리에 쓴 관의 장식은 동쪽 여신상에 비할수 없이 초라한 편이다. 또한 광배의 조각 솜씨도 좀 떨어진 느낌이다.

직사각형 출입문 위쪽엔 다산을 의미하는 해수(海獸) 마카라(Makara)들이 시바를 태우고 있다. 시바는 링가와 요니의 합일로 출산도 관여하는 신이다. 돌지붕을 받치는 돌기둥 조각도 모두 각각이다. 동쪽의 두 기둥사이엔 햇볕이 들도록 별 모양의 구멍을 고른 간격으로 뚫었다. 벽면 높은 곳엔 이같이 햇볕을 들이는 구멍 때문에 맑은 날은 비마나 안이나 만다파

호이살레쉬와라 사원 북쪽 출입문을 통해 들어가면
출입문 동쪽에 선 아름다운 여신상이 반긴다.

남녀의 성행위를 묘사한 미투나상.

안도 그렇게 어둡진 않다. 나그네는 이 사원 출입구의 조각 일부를 보면서
도 "신의 손이 빚어낸 예술품이 아닐까" 하는 착각에 빠진다.

비마나 안이나 만다파 안의 조각 또한 너무 섬세하고 정밀해 혀를 내두
를 수밖에 없다. 기둥과 천장, 그리고 벽면에 새겨진 조각을 보면 저절로
감탄사가 터진다. 사원 안을 둘러보면 거대한 돌덩이를 파 만든 석굴 같
은 느낌이 든다. 돌기둥과 천장을 보면 하나의 큰 돌을 파고 깎아 만든 것
처럼 착각이 인다. 둥근 모양의 돌기둥은 바닥을 파 조각해 천장에 잇대었
다. 돌기둥은 사각의 2층 기단 위에 굵고 가는 원이 연달아 이어지면서 3
개 층의 아름다운 주두(柱頭)로 이어져 돌천장과 맞닿았다. 사각 1층 기
단의 면마다 신상들이 조각돼 있어 숙였던 고개를 들 수 없게 만든다. 1층
기단이 나직한 반면 2층 기단은 부피가 작지만 높이는 두 배에 이른다. 네
면은 평평한 표면으로 조각을 새기지 않았다.

그 위 둥근 돌기둥은 마치 철사를 감아올리듯 굵고 가는 원이 층층을 이
루다가 다시 양푼 모양을 이루고, 그 위쪽은 정교한 부조를 새겼다가 다시
굵고 가는 원이 이어진다. 사각과 원형 모양의 윗부분에 조각을 새기곤 그

위에 십자가 모양의 주두가 천장을 받친다. 이들 주두에도 갖가지 형상의 조각이 새겨졌고. 수많은 돌기둥의 형태는 조금씩 다르나 얼른 보면 같은 모양으로 보이기도 한다.

돌기둥 위의 천장은 격자 모양이다. 격자 천장에도 갖가지 신상이 정교하게 조각돼 있음은 물론이다. 9백여 년 전 5미터 높이 천장에다 이런 멋진 부조를 새기다니, 정밀화를 종이에 옮겨 빼긴 듯한 조각이야말로 눈을 뗄 수 없을 정도다.

만다파 안에는 두어 곳의 지성소(至聖所: sanctuary)가 자리한다. 한 지성소 안엔 시바의 상징인 링가가 모셔졌다. 직사각형의 깊숙한 지성소 출입구엔 나뭇가지를 격자로 엮은 문을 닫아놓아 출입을 허용하지 않는다. 출입문 양쪽엔 시바 신을 돋을새김했다. 참배객들은 문 앞에서 기도를 드린다. 이들은 기도를 드리면서 시바 신 부조를 매만져 특정부위가 반질거려 빛이 난다.

링가는 대개 여성의 상징인 요니(Yoni) 위에 놓인다. 그러나 이곳 지성소의 링가는 요니와 결합 형태를 취하지 않은 외톨이다. 링가와 요니는 남성상과 여성상의 합일과 창조성을 나타낸다. 링가는 고대인도 통일왕조인 굽타왕조(320-550) 시대까지는 실제 남근 모양으로 만들어졌다. 그후 돌기둥으로 변해 지금까지 전한다.

참배객들이 붐비는 지성소는 일곱 마리의 코브라가 새겨진 큰 황금색 코브라 머리가 달린 곳이다. 물론 이 성소 출입구 양쪽엔 시바의 부조가 새겨졌다. 그 앞쪽엔 시바의 탈것인 황소 난디가 앉아 있다. 시바 신의 조각에도 얼굴과 팔·가슴 등을 만지면서 기도를 올려 검게 번쩍인다. 어떤 참배객은 난디가 앉아 있는 기단 위에 올라 두 손을 모아 기도를 드리기도 한다.

시바 곁에는 코브라가 함께하는 경우가 많다. 코브라는 땅과 죽음을 상징하면서도 우주 모든 것의 연관성과 영성을 나타낸다. 즉 링가처럼 시바를 상징하기도 한다. 코브라의 이 같은 상징성은 고대 이집트와 유대문명,

그리고 신약성서에서도 보인다.

가네샤·브라흐마·비슈누 화신

별 모양을 한 두 신전의 외벽엔 갖가지 정교한 조각이 새겨졌다. 북쪽 출입문 오른쪽 벽엔 인도인들이 가장 좋아하는 코끼리 코를 가진 가네샤 신의 조각이 크게 새겨졌다. 그는 힌두신화에 나오는 지혜와 행운의 신이다. 힌두교 가나파타파의 주신이기도 하다.

가네샤의 신상 조각은 이곳뿐 아니라 다른 벽면에도 새겨졌다. 특히 사원 뒤쪽엔 2층의 높은 석축기단 위에 가네샤상과 그의 탈것인 생쥐상을

사원 성소 안에 모셔진 비슈누의 본래의 모습. 바다 위에 떠 있는 세샤라는 뱀이 또리를 튼 모양이다.

비슈누의 일곱 번째 화신인 라마가 원숭이 신 하누만의 도움을 받아 아내를 구하는 장면
이다.

만들어 세워졌다. 파괴의 신 시바의 갖가지 조각상 외에도 거위를 탄 네
개의 머리를 가진 우주창조의 신 브라흐마와 유지의 신 비슈누의 여러 화
신(化身: avatar)들도 조각돼 있음은 물론이다. 특히 비슈누의 10가지 화
신에 관한 조각들이 많은 부분을 차지해 눈길을 끈다.

　시바 조각상 중 대표적인 것은 악마 안다카(Andhaka)를 죽이고 있는
형상이다. 안다카를 밟아 짓이기며 손에는 삼지창과 장구, 그리고 해골지
팡이 등을 들고 있다.

　비슈누 화신들의 조각은 그 수가 너무 많다. 세 번째 화신인 바라하
(Varaha: 멧돼지), 네 번째 느리싱하 (Nrshinha: 半人半獅子), 다섯 번째
바마나(Vamana: 난장이), 일곱 번째 라마(Rama), 여덟 번째 크리슈나
(Krishna) 등이 주류를 이룬다.

오른쪽엔 크리슈나가 산을 들어올리는 장면이, 아래쪽에는 거위와 창조의 신 브라흐마가 함께 어울려 있다.

세 번째 화신 바라하는 히란약샤(Hiranyaksha)라는 악마가 육지를 바다 밑바닥으로 끌고 들어가자 멧돼지로 변해서 악마를 죽이고 뻐드렁니로 바다에서 육지를 들어올리는 장면을 묘사했다.

네 번째 화신인 사자머리를 한 느리싱하는 브라흐마의 은총으로 신과 인간, 그리고 야생동물 등에게도 살해되지 않는 힘을 부여받은 악마 히라나야카시푸(Hiranayakasipu)를 물리치는 장면을 묘사했다. 악마의 아들 프라흘라다가 비슈누를 따르자 아들을 죽이려 든다. 이때 비슈누가 반은 사람, 반은 사자 모습으로 화신해 이 악마를 무찌른다.

일곱 번째 화신 라마는 나찰왕 라바나가 링카섬으로 납치해간 그의 아내 시타를 원숭이 신 하누만의 도움을 빌려 나찰왕국을 쳐부수고 아내를 구출해내는 장면을 새겼다. 특히 원숭이 군사가 쏜 독화살이 일곱 그루의 나무를 뚫고 날아가 반신(半神)인 나가의 머리를 관통해 적군의 허리에 꽂히는 조각은 백미다.

여덟 번째 화신 크리슈나는 고쿨라 마을의 목동과 가축을 구하려고 고바르다나라는 산(山)을 한쪽 팔로 7일 동안 치켜든 모습의 조각을 새겼다. 이처럼 벽면의 수많은 조각은 힌두교 고전신화인「마하바라타」·「라마야나」 등의 내용을 그린 것들이다. 이 외에도 풍만한 육체를 아름답게 조각한 여신상도 많다. 특히 남녀의 성행위를 묘사한 미투나상도 몇 점 보여 눈길을 끈다.

두 마리의 앉은 모양의 황소 난디 또한 너무 사실적인 조각인 데다 시바신의 탈것 즉 바하나(乘物, vahana: 주로 동물 형태)로는 조금도 부족함이 없는 너무 늠름한 모습이다. 거기다가 이들을 사원과 붙은 큰 파빌리온에 모셔져 특별한 대접을 받고 있다는 점이다.

33
마지막 여행지 첸나케샤바 사원

남인도 여정 열흘간의 일정도 이젠 끝이다. 2012년 3월 19일 오후 4시, 할레비두의 호이살레쉬와라 사원에서 16킬로미터, 30분 거리에 있는 벨루르(Belur)로 향한다.

벨루르. 이곳은 11-14세기 마이소르 지방을 지배했던 호이살라왕조의 초기 도읍지다. 하산에서 40킬로미터, 마이소르에서 145킬로미터, 카르나타카 주도 방갈로르에서는 220킬로미터 떨어졌다. 지금은 행정구역상 하산지구에 속하는 인구 2만 미만의 조그마한 도시다. 이곳엔 호이살라왕조 초창기인 12세기 초 비슈누 바르다나(Vishnu Vardhana, 재위 1110-1152)왕이 야가치 강변에 첸나케샤바 사원(Chennakesava Temple)을 건축했다. 동시대(1121)에 건축된 할레비두의 호이살레쉬와라 사원과 함께 호이살라왕조 건축양식을 대표하는 유적이다. 이 사원은 당초 비자야나라야나(Vijayanarayana) 사원이라고 불렀다. 힌두교의 대서사시「마하바라타」와「라마야나」의 신화를 주축으로 한 신상들과 성자의 모습은 물론 전쟁·농경·사냥·음악과 춤·축제 등등을 묘사한 부조가 외벽과 천장, 그리고 사원 안에 넘친다. 특히 성적인 미투나상 몇 점까지 섞여 빈틈없이, 그리고 정교하고 아름다움을 뽐낸다.

이곳의 야가치강은 갠지스강에 비유된다. 이는 힌두교 참배객이 많다고 벨루르를 남쪽의 바라나시라고도 부른다. 그러나 야가치강은 시간 때문에 둘러보지 못했다.

자이나교 왕조가 세운 힌두사원

벨루르는 단지 첸나케샤바 사원이 존재하기에 독창적인 미술양식을 남긴 호이살라왕조의 화려했던 명맥을 이을 뿐이다.

이 사원은 힌두교의 3신 중 하나인 비슈누 신을 모신 곳이다. 자이나교를 신봉했던 호이살라왕조지만 이 사원을 만들기 시작했던 비슈누 바르다나왕은 자이나교의 만연된 부패에 염증을 느껴 힌두교로 개종하기에 이르렀던 것이다. 그러나 이 사원을 장식한 여러 조각 중에는 힌두교 외의 신들이 보이기도 한다. 그 이유는 왕 자신은 개종했지만 왕비나 가족 중 일부는 여전히 자이나교를 믿었고, 또 자이나교를 후원해주는 관례를 깨뜨리지 않았기 때문이다.

첸나케샤바 사원 안 주두에 조각된 요정.

첸나케샤바 사원 외벽엔 여러 장면의 미투나상이 조각돼 있다.

이 사원은 지금도 비슈누 신전으로 이용하고 있다. 담장으로 둘러싸인 첸나케샤바 사원은 버스터미널 인근에 위치했다. 그리 높고 크지 않은 노란색 고푸람(Gopuram: 인도 중세의 탑문)이 힌두사원임을 대변해준다. 인도신화에서 불사불로의 음료인 암리타(Amrita)를 담은 칼라샤(Kalasha: 물병) 다섯 개가 고푸람 꼭대기를 장식한다. 고푸람이 높은 큰 사원엔 이 칼라샤가 일곱 개 또는 아홉 개가 얹히기도 하지만.

탑문 즉 사원 출입문을 들어서면 넓은 내정엔 불을 밝히는 탑이 서 있다. 그리고 그 뒤편으로 키 큰 철당간이 우뚝 솟아 눈길을 끈다. 철당간은 원형 그대로 보존돼 한국관광객들에겐 좀처럼 볼 수 없는 요긴한 유물임에 틀림없다.

사원 내정 오른쪽엔 참배객들이 정화의식을 치르는 석축 연못이 자리했다. 물론 연못 안엔 돌계단 즉 가트(Ghat)가 놓였다. 마치 바라나시의 갠지스 강가에 놓인 가트처럼 말이다. 참배객은 이곳에서 몸을 씻고 사원 안으로 들어가 기도를 드린다. 그러나 바라나시 갠지스 가트처럼 참배객이 크게 붐비지 않음은 물론이고, 정화의식을 준비하는 힌두도 볼 수 없어 나그네의 기대를 저버린다.

내정 왼쪽엔 철당간보다 더 높은 돌기둥이 하늘로 뻗었다. 석축기단도 별 모양이다. 이곳에도 절하며 기도를 드릴 수 있도록 마로 짠 천을 깔아뒀다. 사원 이름에 붙여진 케샤바(kesava)는 비슈누의 24가지 형태 중 하나다. 바로 아름다운 신을 의미한 것이다. 계단을 올라 신전 안으로 들어서니 할레비두의 호이살레쉬와라 사원처럼 미려한 조각들이 벽면과 천장에 넘친다.

성소 안엔 황금옷을 입힌 비슈누 신이 모셔졌다. 그 앞엔 사제인 브라만이 상체를 드러낸 채 참배객을 기다리고, 또 의식을 치른다. 만다파 부근엔 차크라(chakra: 산스크리트어로 바퀴, 또는 원반을 의미함)를 손에 든 비슈누의 조각상, 그리고 세 겹의 원형 동아리를 튼 가운데 일곱 마리의 코브라 머리를 조각한 뱀 아난타가 걸음을 멈추게 한다.

코끼리 악마 가자-수라 머리 위에서 춤추는 시바 신.

사원 내정 왼쪽에 세워진 돌
기둥.

둥근 돌기둥과 주두(柱頭), 그리고 천장의 조각 또한 화려하기는 마찬
가지다. 특히 주두 위의 불꽃 광배를 한 나신 여인 조각상은 수많은 부조
중 단연 백미로 꼽힌다.

신전을 나와 벽면의 조각을 살핀다. 눈길을 끈 조각은 다음과 같다. 오
른쪽에 코끼리 악마 가자-수라(Gaja-sura)가 링가 앞에서 제사를 모시는
사제들을 공격하자 시바가 악마를 죽이고 그 코끼리 머리 위에서 춤추는
조각상이 보인다. 그 왼쪽엔 상반신은 인간, 하반신은 뱀의 형상을 한 나
가(Naga: 수놈)와 나기(Nagi: 암놈)도 조각돼 있다.

비슈누의 세 번째 화신 바라하(Varaha: 멧돼지)와 힌두교 3신 중 하나
인 브라흐마 조각이 눈에 띈다. 창조의 신 브라흐마는 오른손에 제사 때
사용하는 숟가락과 염주를, 왼손엔 주전자와 밧줄, 거기에 수염이 긴 네
개의 머리와 탈것인 기러기(Hamas)를 거느렸다.

사원 건물 천장 귀퉁이마다 조각된 요정과 압살라.

사원 안에 새겨진 비슈누 신의 족적 조각.

　각진 처마 밑엔 악사 간다르바와 요정 압살라 조각이 눈길 멈춘다. 반나신 조각상은 육감적인 데다 아름답기 짝이 없다. 저 높은 곳에 어찌 저런 수려한 조각을 새겼을까 의문을 자아내게 한다.

　사랑의 신 카마와 부인 라티의 조각상도 보인다. 카마상은 왼손에 사탕수수로 만든 활과 오른손 긴 장대 끝에는 탈것인 마카라가 부조되었다. 카마 왼쪽에는 비슈누의 부인 행운의 여신 락슈미 조각이 새겨졌다. 그 외에도 엄청난 조각이 벽면과 바깥 천장에 들어찼으나 힌두신화와 힌두교에 대한 상식이 얕아 더 이상 본 것을 글로 표현할 수 없어 안타까울 따름이다. 특히 눈길을 사로잡은 건 비슈누의 발자국이다. 사원 부속건물 바닥에 새겨진 이 족적은 두 발과 열 개의 발가락을 새긴 것이다. 두 발바닥 위쪽에는 다이아몬드 8개가 복합된 형태의 문양을 새겼다.

　힌두교의 대서사시 「라마야마」에 따르면 아요디아왕국에서 태어난 비슈누의 일곱 번째 화신 라마는 시바의 활을 휘는 괴력을 발휘해 시타와 결혼한다. 라마는 계모가 짠 계략에 빠져 왕위계승권을 잃는다. 그는 부인과 이복형제 락시마나(Rakshmana)와 함께 숲속으로 들어가 14년을 보낸다. 그동안 그는 정당한 왕위계승의 상징으로 신발만은 지켜낸다. 어느 날 라마와 락시마나는 금사슴을 쫓아 숲속을 뒤진다. 이때 랑카의 마왕 라바나가 시타를 유인 협박해 바다 건너 랑카로 끌고 가버린다. 라마는 천신만고 끝에 원숭이 신 하누만의 도움을 얻어 랑카를 공격해 라바나를 살해하고 시타를 구해낸다. 그리곤 왕위계승의 상징인 신발을 보여 아요디아왕국의 왕권도 되찾는다.

이 사원에 남겨진 비슈누의 발자국은 바로 그의 화신 라마의 족적인 것이다. 이 외에도 몇 점의 미투나상이 조각돼 있다. 그러나 조각의 정교함이나 세밀함이 북인도 카주라호의 락시마나 사원의 조각과는 비교할 수 없을 정도다.

시간에 쫓긴 마지막 여정

여행객은 늘 시간에 쫓기기 마련이다. 어찌 여행객만 쫓기겠는가. 짧은 삶 자체가 그런 것이거늘. 나그네 또한 부속신전 등을 제대로 보지도 못하고 발길을 돌려야 하니 너무나 애석하고 아쉽다. 그러나 어쩌랴! 일정을 지키지 못하면 귀가할 수 없을 뿐 아니라 추가경비도 만만치 않다.

서두른다. 벌써 오후 5시를 지났다. 벨루르에 머문 시간은 겨우 1시간. 방갈로르까지 220킬로미터지만 퇴근시간대와 겹칠 가능성이 높기 때문에 가이드 아샤 양은 마음이 조급해 보인다. 일행 또한 덩달아 급해진다.

방갈로르 국제공항에서 홍콩행 항공편은 밤 10시에 뜬다. 일행이 탄 차량은 전속력을 낸다. 인도에서의 마지막 만찬 예약은 오후 8시, 방갈로르 MG로드에 있는 한 식당이다. 다행히 월요일이라 하산에서 오른 48번 하이웨이(망갈로르 ↔ 방갈로르)는 시원하게 뚫렸다. 방갈로르 시내에서 MG로드 가는 길이 정체되기도 했으나 예약시간을 겨우 맞춘다. 식사 또한 빨리 끝내야 했다. 공항 가는 길을 포함해 너무도 빠듯한 시간이다.

공항에서 가이드 아샤 양과 헤어진다. 그녀가 눈물을 보이며 아쉬워한다. "시킴과 부탄왕국 여정 때 꼭 다시 만납시다."라며 달랜다. 동동걸음 덕에 홍콩행 항공기에 오를 수 있었다.